〔英〕艾伦·沃德（Alan Warde） 著
潘 峰 译

吃的实践

The Practice of Eating

北京大学出版社
PEKING UNIVERSITY PRESS

著作权合同登记号　图字:01-2019-3029

图书在版编目(CIP)数据

吃的实践/(英)艾伦·沃德(Alan Warde)著;潘峰译.—北京:北京大学出版社,2022.11

ISBN 978-7-301-33450-8

Ⅰ.①吃…　Ⅱ.①艾…②潘…　Ⅲ.①饮食—文化社会学—研究　Ⅳ.①TS971

中国版本图书馆CIP数据核字(2022)第185956号

The Practice of Eating by Alan Warde

First published in 2016 by Polity Press
This edition is published by arrangement with Polity Press Ltd., Cambridge

书　　名	吃的实践 CHI DE SHIJIAN
著作责任者	(英)艾伦·沃德(Alan Warde)　著　潘　峰　译
责任编辑	武　岳
标准书号	ISBN 978-7-301-33450-8
出版发行	北京大学出版社
地　　址	北京市海淀区成府路205号　100871
网　　址	http://www.pup.cn
新浪微博	@北京大学出版社　@未名社科-北大图书
微信公众号	ss_book
电子信箱	ss@pup.pku.edu.cn
电　　话	邮购部010-62752015　发行部010-62750672 编辑部010-62753121
印 刷 者	三河市北燕印装有限公司
经 销 者	新华书店
	650毫米×980毫米　16开本　15印张　172千字
	2022年11月第1版　2022年11月第1次印刷
定　　价	59.00元

致　谢

我用了十多年的时间来写这本书。在这一过程中，许多人在人际层面和学术层面为我提供了帮助。相关研究工作是我在曼彻斯特大学（University of Manchester）的学术休假期间完成的，正是基于这些研究，本书得以成形。这些研究得到了曼彻斯特大学和英国经济与社会研究委员会（Economic and Social Research Council，ESRC）的大力支持。本书的大部分工作是在赫尔辛基大学赫尔辛基高等研究院（Helsinki Collegium for Advanced Studies，University of Helsinki）进行的。从 2010 年起，我接受埃尔科基金会（Erkko Foundation）的邀请，成为赫尔辛基大学当代社会研究中心（Studies on Contemporary Society）简和阿托斯·埃尔科（Jane and Aatos Erkko）客座教授，在那里，我度过了两年的时间。我向为我提供资助的人表示感谢。在曼彻斯特大学，很多同事鼓励和帮助过我：在创新和竞争研究中心（Centre for Research on Innovation and Competition）、可持续消费研究所（Sustainable Consumption Institute）以及社会科学学院社会学系（Department of Sociology in the School of Social Sciences），我能在融洽的氛围中与教师、研究人员及研究生讨论我的许多想法。有太多人帮助过我，抱歉无法逐一提到他们的名字。与我共同进行食物和饮食项目研究的朋友和同事为这本书做出了特别的贡献，他们是：莉迪娅·马滕斯（Lydia Martens）、戴尔·萨瑟顿（Dale Southerton）、伊莎贝尔·达尔蒙（Isabelle Darmon）、卢克·耶茨（Luke Yates）、塞西莉亚·迪亚斯-门德斯（Cecilia Díaz-Méndez）、马克·哈维（Mark Harvey）、安德鲁·麦克米金（Andrew McMeekin）、莫德斯托·加约-卡尔（Modesto Gayo-Cal）、科琳娜·威尔士（Corinne Wales）、托尼·本内特（Tony Bennett）、迈克·萨维奇（Mike Savage）、伊丽莎白·席尔瓦（Elizabeth Silva）、戴维·赖特（David Wright）、乌尼·谢尔内斯（Unni Kjaernes）、洛特·霍尔姆（Lotte Holm）、马克·汤姆林森（Mark Tomlinson）、斯韦特兰娜·基里琴科（Svetlana Kirichenko）、梅特·兰塔（Mette Ranta）、温迪·奥尔森（Wendy Olsen）、郑淑利（Shu-Li Cheng）。衷心地感谢他们。我还要特别感谢尤卡·格罗诺（Jukka Gronow）、安妮·默科特（Anne Murcott）、休·斯科特（Sue Scott）、戴尔·萨瑟顿，他们四人阅读了本书全部的排版草稿。非常感谢他们。虽然我未能吸收他们所有的深刻见解和建议，但如果没有他们慷慨和善意的帮助，本书将逊色许多。感谢政体出版社三位审稿人的建议，以及埃利奥特·卡尔施塔特（Elliott Karstadt）在本书出版过程中高效、耐心的工作。

艾伦·沃德

2015 年 4 月于曼彻斯特

以下一些章节在本书出版时做了或多或少的修改。本书作者和出版社向允许翻版的下列出版商表示感谢：

Oxford University Press for extracts (4 paragraphs) from Ch. 12, 'Sociology, Consumption, and Habit' from Alistair Ulph and Dale Southerton (eds) (2014), *Sustainable Consumption: Multi-Disciplinary Perspectives in Honour of Professor Sir Partha Dasgupta*, pp. 277–298; and extract (three paragraphs) from Ch. 19, 'Eating' in Frank Trentmann (ed.) (2012), *Oxford Handbook of the History of Consumption*, pp. 376–395. Reprinted with permission.

Sage Publications for 'Consumption and the Theory of Practice' (2005), *Journal of Consumer Culture* 5(2): 131–154, and 'After Taste: Culture, Consumption and Theories of Practice' (2014), *Journal of Consumer Culture* 14(3): 279–303.

Routledge (Taylor and Francis Group) for 'What Sort of a Practice is Eating?', in Elizabeth Shove and Nicola Spurling (eds) (2013), *Sustainable Practices: Social Theory and Climate Change*, pp. 17–30.

目　录

1

导　论

“吃”* 是有趣的主题

自20世纪80年代以来，公众对食物主题的兴趣明显增加，学术界的关注度也有等量的增长。食物是政治议题，是休闲和娱乐问题，是健康领域的主题，是传媒产业的信息来源，也是日常生活的必需品。食物体系（food system）的各种危机，已经促使各政党及社会团体采取行动。如在电视、出版物以及后来的互联网上，食物类节目及报道的激增使食物和“吃”成为大众关注与讨论的热点话题（Rousseau，2012）。这反映出关于身体和身体管理的新重点，因为国家（尤其是要为医疗拨款的那些国家）变得越发关心人们吃什么。因此，食物问题受到社会研究更加密切的关注。农学、药理学、医学、营养学、家政学、宏观经济学、心理学研究了食物体系的不同方面，并获得了颇丰硕的成果。但是，

---

* “eating”是本书的研究主题，该词一般有两种含义：一种是“吃”或“吃饭”，作为动词使用，是指“将食物送进嘴里”的身体技术（动作）或行为；另一种则泛指“饮食”，与食物、烹饪、用餐、消费、食物研究等相关。本书的作者在使用“eating”这个词时，并没有进行实质的区分，因此，在本书的翻译过程中，根据原文中“eating”在不同章节的具体语境，选择性地将“eating”一词，翻译为“吃”或者“饮食”。——译者

公众对食物的关注，为社会文化学科，如人类学、文化研究、社会地理学、社会学提供了更大的研究空间，以填补理解上的主要空白，尤其是在政策干预失败方面。

第二次世界大战以后，西方国家的繁荣发展带来了社会经济环境的改变，食物变得更廉价，贫困所致的饥荒及营养不良等老问题逐渐减少。农业综合企业、经济的持续增长、跨国公司及范围日益扩大的国际贸易，改变了西方国家饮食的经济基础。源自全球的充裕、易得、较为廉价的食料，为大多数人提供了比从前各代人远为多样化的饮食方式。20 世纪末，全球化给食物体系带来了最深远的影响（Inglis and Gimlin，2010）。当然，这并没有在个体层面上引起饮食或烹饪实践的直接或根本性变化，但几十年来在总体层面上发生的明显改变，足以让严谨的研究者断定发生了“烹饪革命”（Panayi，2008）。

饮食越来越多样化，以及对这种饮食多样化愈演愈烈的讨论及宣传，为研究作为一种文化消费类型的饮食提供了强大的推动力。社会研究从只关注食物的生产过程，尤其是市场中的商品流通，转向与食物消费有关的活动，如娱乐、审美及日常生活行为。承认消费，使饮食问题在一定程度上独立于食料的可获得性（availability）问题；由于放弃了饮食主要被视为身体再生产的工具这一假设，食物的供给和需求之间的共生关系被切断了。然而，这一研究出现在一个对“文化”和“消费者”概念日益迷恋的时期。所谓的“文化转向”研究，为新兴的食物消费的社会学进路提供了背景和动力。消费研究的合法化，意味着“吃”可以成为社会研究一个真正的（bona fide）主题。

本书的目标

目前有大量关于食物和饮食的经验研究，社会文化学科对此做出了巨大的贡献。食物和饮食研究的手册及百科全书大量涌现，展现了广泛而分散的主题的知识现状，但事实证明，对这些主题的整合与综合难觅踪影。整理这些积累的研究成果的任务艰巨。毫无疑问，这种现状在一定程度上是由食物研究的多学科性质导致的。各个学科有自己特定的研究议题，并往往致力于提出不可通约的（incommensurable）理论，这些理论随着时间的推移而形成，与实际的研究旨趣相关。它们的主要概念将与理论旨趣无关的那些因素、过程及事实排除在外，从而不利于饮食理论的综合。既然饮食理论的综合更可能在一个学科传统内实现，那么我将通过特别借鉴消费的实践理论进路，尝试重建和发展饮食研究的社会学进路。

“吃”是一种消费形式。消费研究在近二十年间迅猛开展，如今已是蔚为大观。多学科的消费研究中的全新尝试与 20 世纪 70 年代人文社会科学中的“文化转向”相一致。这些研究不是把消费看作工具性和实用性的活动，而是将其视为一种与他人交往的方式，即通过培养一种独特的“生活方式”来表现自我认同。消费被认为是一个令人愉悦的建构性过程，是对商品和服务的创造性占用过程，以实现令人赞许的个人及社交目的。文化转向研究也扭转了大众文化批评家对流行文化及流行实践的普遍傲慢态度，证明了消费是具有丰富意义的。研究表明，消费在日常生活中的自我认同形成及审美表达上发挥了作用。

令人沮丧的是，消费社会学在影响食物研究方面进展缓慢。消费研究为食物研究者提供了很多有前景的方法。其一是研究者有机会更严格地审视饮食活动。究竟应该如何界定“饮食”这个概念？当然，在多数情况下，多数人将“吃”视为“第二天性”(second nature)，每天快乐地进餐数次，而将令人费解的饮食定义留给社会学家。但是，食物消费所涉及的并不只是既定的内容。它可能会被认为是一个纯粹的生理过程。大概可以说，阐释性社会科学忽视了饮食所涉及的身体再生产的具身性维度（embodied dimension)。但是，如果研究仅局限于身体对食料的吸纳过程，那就没有什么社会学的意义了。所有民族都围绕着生理过程，约定什么是食物，以及何时、何地、与谁共餐，甚至身体的动作也因就餐的规矩和礼节而受到社会规训。出于社会学的目的，需要将饮食概念置于一个更宽泛的概念框架中，使其易于解释。本书的任务之一就是，更清晰地阐明把“吃”作为一种活动的重要性，并提出一套概念，将其界定为**消费**的一部分。

通过强调饮食活动中的沟通、能动性（agency）及约定（engagement)，文化转向的倡导者在描绘这些活动和事项对自我认同的意义时，也解释了人们如何及为什么将消费视作个人和社会的优先事务。正如我在其他研究中提到的，文化分析在其关注的焦点和行动理论方面都有一些不足（Warde，2014）。文化分析的倾向包括：第一，其研究焦点在于向他者展示认同符号，但掩盖了大多数消费是平凡的或不起眼的这个事实（Gronow and Warde，2001)。第二，强调文化就是淡化社会结构（Abbott，2001)，这掩盖了社会领域、社会相互依赖和社会互动以及社会地位及阶级的鲜明特征。第三，文化转向研究几乎不关注作为物质力量的对象及技术。然而除此之外，消费的文化分析还有更深层的理论缺陷，内嵌在其一般行动理论中。尽管存在内部差异，但它主要诉诸唯意志的行动理论（a voluntaristic theory of action），主张这样一种消费者模型，即消费者是主动的、会表达的、有自主选择性的，其行动受对个人认同和对时尚生活方式的关注所驱使。主动的、反身性的行动者模型居于主导地位，意味着有意识的、有目的的决策引导着消费行为，并解释了其意义和方向。在主要方面，这个模型类似于新古典经济学的主权消费者模型，因为它运用了主流的、基本的消费者行为假定，将消费过程视为个体参与许多不相干的事件的过程，其特征是个人经过深思熟虑为满足个人偏好而进行独立决策。本书的一个特点是，探讨在不使用这种理性选择概念的情况下，我们的研究能取得多大的进展。

本书的另一个目标是，说明各种实践理论对于食物和饮食的社会学研究的益处。这些实践理论弥补了文化分析的实质性和解释性缺陷，但它们本身并非专属于社会学的理论。目前，其他许多学科正尝试运用实践理论来澄清概念，进行经验研究。尽管各种实践理论不属于任何学科，但它们与社会学对日常生活的理解有着密切的关系。这些实践理论可谓多种多样。沙茨基（Schatzki，2001：2–3）指出，实践进路对后功能主义、后结构主义和后人文主义这三个不同的思想流派均具有吸引力。尼科利尼（Nicolini，2012）实际上清楚地描述了实践理论非常大的变动范围。因此，即使列举出这些实践理论的共同特征，也是有争议的。但是，与主权消费者模型不同，实践理论往往强调惯例而非行动，强调行为的流动和连续性而非离散行为，强调倾向（dispositions）而非决策，强调实践意识而非深思熟虑。而且，作为对文化分析的回应，实践理论强调的是做而非想，强调物质的而非象征的，强调具身性实践能力而非自我呈现式的精湛表达技巧（expressive virtuosity）。这些特征所呈现的程度，遗留下或强或弱的实践理论的变体（Warde，2014：285-286）。

本书避免纯理论论证，集中阐述理论与它所关注的实质性领域的相关性。尽管如此，我还是保留了一点雄心，想要表明，对一种特殊而复杂的实践（即"吃"）的分析，如何可能借助分析其他实践的相关方式来加强实践理论、解开它的某些谜团并将它发展壮大。一个悬而未决的问题是，现有的实践理论是否有足够的概念工具来区分不同类型的实践。是否所有的实践都有相同的基本结构及特征，这一点仍有待商榷。考虑到社会世界都聚结着众多实践——不管如何定义实践，对其差异根源的反思就很有限了。在缺乏一个公认的、全面的实践类型学的情况下，我试图表明，饮食有其特殊性和具体性，需要实践理论的适应和发展。我创造了"混合实践"（compound practice）的概念，注意到实践的协调程度及控制程度不同，主张**实践**（Practice）[1]可以概念化为实体，进而拓展实践理论，以解释实践共享以及各种实践的基本原理、要点及细微差别是如何被传授给其他的、未来潜在的

[1] 在这里，我使用首字母大写的"实践"（中译本用黑体标出——译者注）来指代作为实体的实践概念，而不是指单个行为。关于这两者的区别，更详细的解释请参见第3章。

行动者的。

本书在实践理论的抽象概念与对饮食的实质性分析之间来回反复。本书的目的不仅是要表明实践理论的概念可以应用于饮食，而且要对“吃”进行实质性的新阐释。本书的主要目标是，设法解答需要解释的问题及难题，并说明当代饮食活动如何开展的现状。这势必需要对当代饮食的结构、趋势及内涵进行一些新颖的、改进了的描述。这涉及下述主题：新口味的学习，饮食手册(handbooks)与说明书(manuals)的作用，多样性的表演（performances）与整合性**实践**（integrated Practices）的相容性，文化中介机构矛盾的作用及其对饮食协调与规范的影响，争议在大众评价及行为辩护中的作用。但是，我所使用的证据，不过是证明了这些范畴或概念与描述非系统地选择某段饮食经历的相关性，并说明了一些理论观点。本书只是简要、粗略地且是在最少的背景下呈现了当代饮食体验的证据，使用的案例数量较少且是有选择性地取自之前的研究。

支持实践理论的依据包括质疑社会科学的标准解释模型。与消费社会学长期反对理性选择概念的观点一致，实践理论通过寻求中观层次的理论平台，提供了一个强有力的替代物。实践理论拒绝个体主义方法论，强调重复行为及日常生活的方方面面，那些方面使得若要对“吃”这类活动做出令人满意的解释，就得承认它的集体性的、不假思索的要素。标准的解释模型未能捕捉到消费的实用性、集体性、连续性、重复性及自动性（Warde and Southerton，2012）。第一，标准模型假定，消费的本质特征是购买，而日常生活实践中对商品和服务的占用方式至多是次要特征。但是，如果一个人消费时既考虑购买也考虑使用，事情就复杂多了。如果消费是为了完成某一实践而进行占用（Warde，2005），它就成为日常生活的一个必要的组成部分，因为工具和原材料是行动权的构成要素。如此说来，消费就是出于世俗目的的商品使用行为。第二，购买的社会模式的大量证据表明，"决策"并不纯粹是个人行为。在某种程度上，决策是对共同社会环境的可供性（affordances）及制约因素的实际反应。人们遵守他们所属群体的规范。什么是有价值的和值得拥有的，不同社会群体对此看法各异。品味是存在差别的。同样重要的是，在某种程度上，不同的群体不平等地参与不同的活动，他们对商品和服务的需求各不相同。第三，各种选择不是彼此不相干的，决策是连续的和累积的，以往的决策经验排除了一些选项，并为新选项留下了空白。第四，许多商品是重复获得的，有些商品经常会被消耗并被替换。重复交易有时会被解释为出于节省体力劳动与脑力劳动的目的，且是在不确定的情境下提供的保证。第五，在消费中，深思熟虑的作用容易被夸大。尽管异常昂贵的购买或事关道德承诺的策略性思考需要长时间地沉思和考量各种选择，但大量的普通消费项目是无意识地购买和消费的，如杂货、燃料、电和水。此外，考虑到集体服务及政府服务的盛行，更不必说购物劳动的不平等社会分工，许多被占用的东西都是由他人代劳的；如果有其他人提供服务，那么终端消费者就无须深思熟虑了。

因此，本书致力于为各种实践理论的应用提供一个强纲领。限于篇幅，本书虽然没有说明实践理论怎样应用于许多经验议题，或阐明实践理论如何优于其他进路，但是，我希望通过简明的例子来说明实践理论的潜力，表明实践理论是理论综合的基础且包括了饮食活动中被忽视的方面。我继而探索这样一种猜想，即实践概念抓住了“吃”这种活动的精髓。实践概念在诸多方面是有用的。第一，将食物议题带入社会学主流研究，有助于社会学理论的发展。第二，在社会学背景下发展了实践理论。第三，它为饮食行为转变的政策制定提供了理论依据。第四，对人们为什么吃他们所选择的食物，给出了新颖的、独特的答案。这些理论关注的背后，是关于各种实践的边界及其相互关系的基本理论议题。在之前的一项研究中，我曾试图用关于“吃”的资料来论证实践理论对于消费研究的价值（Warde，2005），但事实证明这太难了，显然是因为“吃”的复杂性。后来，我使用了驾驶汽车的例子——我认为驾驶汽车是一种更加正规和更规范的活动。本书的目的之一就是要表明，如何将实践理论应用于高度复杂但规范性较弱的活动。

本书的结构

本书大致分为两个部分。第一部分（第2—4章）为关于“吃”的实践理论解释打下基础，回顾了关于“吃”的相关研究，介绍了实践理论，并将“吃”构建为一个科学的研究对象。第二部分（第5—7章）为分析作为一种实践的“吃”，发展出了主要的概念，确定了组织及协调饮食活动的各种方式，以解释各种各样的个体表演是怎样产生的。表演与实践之间的循环往复的关系（recursive relationship）是各种实践理论的共同话题，它被用来解释饮食实践的重复与革新、再生产与改变。一个关键的挑战在于，在实践理论分析框架内，如何阐明饮食生活的重复性、惯例性及动态性特征。

第 2 章回顾了食物的社会文化方面研究的进展。本章考察了不同学科的研究在构建对食物**消费**的理解方面的作用，并指出这些研究大多关注食物的生产和供应，几乎很少有人着眼于发展饮食理论。在讨论了理论在阐释性社会科学中的作用后，本章发现了多学科进行食物研究的障碍，以及对化解食物危机的过度关注。本章提出，人文和社会科学较有影响力的文化转向理论将饮食研究引向特定领域，导致其他重要方面被忽略了。为了实现理论创新，我们探讨了饮食研究的一些旧传统，以确保它们持续的现实相关性。最后一节简要地说明了 2000 年以来出现的一些新的饮食主题，以此表明实践理论值得仔细研究，因为它们有可能为更深入地理解“吃”提供独特而广泛的基础。

第 3 章向读者介绍了实践理论，并详细阐述了与后文饮食研究有关的主要概念。20 世纪 70 年代，实践理论被重新发现并加以发展，用来解决社会理论中的特定难题。在实践概念发展的第一阶段，我们注意到布尔迪厄与吉登斯的社会学理论。第二阶段的执牛耳者是沙茨基，他提出了一种本体论式的实践理论，对消费研究产生了相当大的影响。对沙茨基实践理论的诠释，侧重分析实践与表演、分散性实践（dispersed practices）与整合性实践之间的差别，以及作为实践要素的理解、程序（procedure）及约定之间的联系。本章的重点在于实践的集体性及实践背后的组织化。其结果是，形成了基于实践理论的解释重点的总体印象，并暗示了它们与分析“吃”的相关性。

第4章首先讨论了将“吃”构建为科学研究对象的价值。“吃”被认为是一种最终消费形式，因此，需要关注食物生产、采购和制备等诸多步骤之后发生的活动。但是，界定饮食的概念并不简单。动词“吃”在词典中的一个简单定义是，“通过嘴把食物送进身体”（Chambers，1972）。社会学从不认为这样的定义是充分的；即使这个定义不是完全不正确，也肯定是非常狭窄的，因为这个定义未考虑“吃”的社会特征。饮食过程通常涉及他人，需要合适的社会环境，也经常与制备食物的人有特殊的关系。我回顾了重要的、有影响力的社会学解释试图将社会因素概念化的一些方式。我认为没有一种方法是足够全面的，它们都需要进一步的系统化。

因此，第4章回顾了旨在体现饮食的社会、烹饪及身体维度——即食物消费的基本形式或主要构成——的概念。我的结论是，对饮食研究范围的宽泛但分析过简的界定，会将消费理解为偶发事件、菜单选择、身体吸纳（bodily incorporation）的生理及感官过程。我将依次论及每一个概念，并讨论与其应用相关的一些分析优势及问题。通过参考其他文献，各概念的基本特征及它们之间的相互关系得以阐明。本章的目标是，澄清究竟关于“吃”的什么问题需要解释。本章认为，所有的饮食表演都是三个相互关联要素的组合，并且相关的概念构成了简明而有效的描述行为模式的分析框架。最后一节概括了本章的观点，并给出了一个访谈材料，阐明这些概念是如何体现组织饮食的日常描述的。

本书第二部分，旨在发展一系列概念，这些概念不仅与“吃”

有关，而且与实践的理论理解有关。连续的三章讨论了三组过程，包括实践的组织化、习惯化（habituation）的本质及变化情境中合格表演（competent performances）的能力。这些过程主要是通过食物消费领域的二手研究（如媒体对烹饪和饮食的报道增加、对肥胖危机的反应、品味异国食物与“美食家们”的热情）来得到说明。

从关于“饮食失范”（gastro-anomie）的争论开始，第5章讨论了当前关于吃什么的建议。“饮食失范”是一种假定的当代境况，即人们拿不准影响食物口味的规则。相互矛盾的建议意味着饮食实践内在的复杂性。要完成合格表演，需要精心安排各种基本形式，这是一个不小的困难。问题在于，一个人如何根据不同的社会环境和用餐场合适当地调整行为。在提供营养、烹饪、礼仪和口味方面的建议的文本中，整合性实践至少有四个部分宣称在影响如何吃的方面具有权威性。对各种指导性和促销类文本的分析表明了文化中介机构及专业协会是如何构建、合法化并质疑饮食的标准及程序的。本章认为，“吃”并不是一个简单的整合性实践，而是由各种实践组成的混合体。因此，“吃”往往缺乏强有力的协调和规范，给个体留下了更大的自由裁量权。

尽管中介在饮食实践的制度化中发挥了作用，但它本身并不能说明饮食表演是如何进行的。第6章力图批判唯意志的行动理论与人类行动决策模型，并将这些观点纳入对“吃”的实践理论分析。神经科学、实验心理学、行为经济学与文化社会学的研究证据表明，传统的行动的组合模型（portfolio model）有重大缺陷。万辛克（Wansink，2006）的《无意识进食》（*Mindless Eating*）是当代人不关注饮食活动的有趣例子。也就是说，许多饮食行为是习惯性的，不是深思熟虑和选择的结果。本章考察了习惯及习惯化的各种分析进路。“习惯”的概念，需要环境和社会背景在解释表演时发挥实质性的作用。本章考查了关于习惯与环境的相互依存关系的一些解释，剔除了环境的相关属性。通过一个个案研究分析了肥胖症可能的原因及其潜在的补救措施，以此来说明理论要点。本章强调了减肥餐的长期普遍失败，并认为其原因是实践再生产的几个特征，如具身性习惯、时间惯例和社会网络中的既定规范，这些都与对日常生活中实践能力的解释密切相关。

第 7 章探讨了“重复”（repetition）的概念及其各种形态，这对实践的社会学分析至关重要。本章的目标是，解释表演是如何以一种社会共享的方式不断进行的。本章研究了表演的基本结构，并问及人们如何让自己的行为符合实践规则，从而显示出人们行为的可识别的相似性。这涉及对布尔迪厄“倾向”（dispositions）和“实践感”（practical sense）概念的讨论。“风俗”（custom）、“习俗”（convention），特别是“惯例”（routine）的概念，被用于解释实践再生产的条件。本章还讨论了人们如何学习合格表演所需的程序，以及社会环境如何触发了这些程序。这里把文化看作外在于个体的概念。本章继续追问，人们如何根据对实践理论的一种标准批评（即它们不能解释变化）来习得新口味。对外国美食在英国的传播的解释被作为一个个案研究，揭示了文化中介的重要性。最后，本章也探讨了“能动性”的问题，评估了习惯化、惯例、习俗的理论论证可以推进到什么程度。

本书的结论部分概括了全书观点，并讨论了这些观点的含义。最后一章概述了实践的关键主题及原理，指出了实践理论的社会学分析进路所带来的独特重点；重新考察了共同理解、实践能力、个体惯例与集体惯例、习俗、文化中介与制度这些议题；最后，通过一个扩展的“外出就餐”（eating out）的例子，总结了饮食分析的具体影响。

2

迈向饮食的社会学理论

学科、食物与饮食

新研究方向的机会常常取决于既有学科的现状。对有关饮食的社会科学研究的发展历程的任何历史解释，首先必须承认，绝大多数饮食研究，都源于营养学视角，是对有益于人类健康的食料质量和数量的探讨。出于实用的、政策性的目的，饮食问题主要被认为是，让人们根据科学制定的膳食指南来合理安排饮食。在消费问题上，经济学及心理学——经常由市场营销和消费者行为学等学科来代表——处于支配地位。人们往往认为，了解了这些学科，就能将有关营养的生理学和生物学知识应用于提升自己的健康水平。通常，它们在从个体视角研究饮食消费和消费者行为的问题上是一致的。另外，相较于社会文化科学，其他视角的饮食研究或许更能影响大众对饮食的理解。职业的美食作家对饮食主题的影响可能比学者大，对他们来说，饮食理论的建构与应用不是优先关注的重点。医学与市场营销学也很有影响力，但这两个学科并不致力于发展食物消费理论。

在食物社会科学研究的发展过程中，绝大多数研究关注食物生产。早期的食物社会学进路主要关注农村地区的农业生产及形成的共同体类型。随后，一些研究探讨了食物生产的其他主要经济层面的问题（Murcott，2013）。人们讲述着关于大型食品公司、科学、产业化种植技术、土地和人力资源的全球开发，以及全球范围内强大的分配能力的故事。食物生产对于健康、环境、动物和劳动力的影响，也越来越受到重视（Pritchard，2013）。从理论上讲，从 20 世纪 80 年代开始，随着政治经济学方法被用于分析食物体系，围绕“农业食物研究”（agri-food studies）的一代研究得到了巩固。理论的精密化催生了一系列有用的概念，来描述食物从农场到餐桌的过程。卡罗兰（Carolan，2012）区分了农业食物理论的两种主要进路。“制度”理论（“regime” theories）强调食物生产发生的政治条件，并探讨了全球体系中食物生产的划时代转变。而商品系统进路（commodity systems approaches）有诸多版本，特别有效地利用了过程链（a chain of processes）的隐喻，这一链条通过经济交换活动将不同的行动者联结起来。正如卡罗兰（Carolan，2012：61）所言，“目前，食物研究绝不限于研究食物**本身**，而要关注连接农场和餐桌的行动者、制度、规则及规定，这已成为一种常识”。

食物政治经济学的理论贡献令人印象深刻，且颇有价值。该理论细致入微地描述了养活全世界人口的食物，如何及为什么会出现在市场和超市里。另外，它主要论述了什么（食物）被种植、生产及售卖，以及它们是在什么经济条件下进行的，但没有解释这些食物是怎样或在什么情况下被吃掉的。然而，正如卡罗兰（Carolan，2012：60）所指出的，农业食物进路很少关注主权消费者，几乎忽略了消费场所或消费关系。因此，尽管任何合理的消费理论都不会否认可获得的食料和获取食料的便利性对人们吃什么有着巨大的影响，但这只讲述了故事的一部分。本书从政治经济学理论通常不会关注的地方开始，侧重研究与食物消费过程有关的问题，涉及食物的生产、分配和交换，力图对食物体系进行全面的解释。本章没有提及农场经营或餐叉制造，也没提到超级市场或可供人们租来种菜的小块土地，除非这些主题能阐明食物消费的关系。这并不是说我认为这些主题不重要：如果我想对人们吃什么进行全面的解释，我当然不会忽略研究种子生产商、化工企业及物流公司。

20世纪90年代以来，从政治经济学和商品链视角研究食物的学者们，倡导更准确地理解食物消费过程，更有效地对生产与消费间的关系进行理论分析（例如Fine and Leopold，1993；Fine，Heasman and Wright，1996；Goodman，2002；Goodman and DuPuis，2002；Guthman，2002）。如何最好地阐明食物生产与消费两个领域的联系，在理论和意识形态上仍存在争议。目前，较有前景的方法之一是供应（provisioning）分析。商品和服务的交付方式，明显影响到它们如何被接收和消费。在饮食方面，家庭提供的模式尤其重要，但市场、社会团体及国家都发挥着作用（Warde，1992）。它们影响着人们获得食物的方式。家庭义务、经济合同、互惠和公民权产生了不同的消费关系，给饮食体验带来了系统性的不同后果。供应分析进路，填补了消费社会学关于消费品获得的研究空白。[1] 但是，大多数关于消费品获得的经验研究都集中在购买、预算及烹饪等活动上，这些活动主要被看作工具倾向的生产过程。关于提供服务的劳动交付条款的公平性问题，常常是这些研究的焦点。但从消费角度看，更重要的问题是，劳动成果是如何被一致认可的。当孩子们被教导说“谢谢”的时候，他们正在接受社会消费关系的教育。当被邀请参加晚宴的客人带着礼物，接受主人精心的用餐安排，并盛赞主人的厨艺时，他们也具体地参与了消费关系。我将消费研究置于饮食分析的中心，对于食物供应和消费品获得方面则一笔带过。

格思曼和迪普伊（Guthman and DuPuis，2006）指出，以“食物研究”名义开展的消费调查在不断增加。在美国食物与社会研究学会（ASFS）的支持下，食物研究在美国得到了显著的发展。作为文化转向理论的产物，它从人文与社会科学的交叉学科视角研究食物问题。这些研究是多学科并进的，而不是跨学科交叉的，而且没有迹象表明要达到（甚至寻求）理论或概念上的综合。目前食物研究的倡导者们表现出了高度的自信与乐观，甚至可以说是沾沾自喜，这与十多年前相当谦卑与沮丧的态度形成了对比。接着，贝拉斯科（Belasco，2002：6）力图解释食物研究低下的学术地位，他认为社会科学家研究食物，通常不是为了食物本身，而是为了回应其他的研究议题。食物研究处在其他学术研究的罅隙中。食物消费行为被重点探讨，是因为它能让人深入理解

[1] 描述满足需求的商品和服务获得上的不平等性，成为社会学研究在该领域的主要贡献。关于更一般的消费品获得研究，请参见沃德的研究（Warde，2010）。

诸如心理范畴（mental categories）、家庭结构、社会地位、个人认同、物质文化及身体管理等现象。可以说，这些研究议题都没有将饮食本身作为关注的焦点或对象，而是如贝拉斯科所说，他们将食物消费作为其他过程的**例证**（illustration）——也许社会学家通常认为那些过程更具合法性或居于科学研究的中心。对这些主题的持续研究，为深入理解饮食活动的诸多方面提供了真知灼见。但是，如果“食物研究”已成为关于食物消费的学术焦点，那么我们不得不指出它们在学科、进路和主题上存在巨大的异质性，因此，缺乏统一的理论，甚至缺乏追求理论的抱负。出版物不均衡地使用了一些似乎未经深思的理论资源，相对于更完善的消费社会学，食物研究表现出更少的理论抱负。

即便如此，近期聚集在食物研究名义下的研究，在食物消费方面取得了不俗的成就。尽管在缺乏系统性综述的条件下，确定食物研究的趋势是困难的，但食物研究［以《食物、文化与社会》（*Food, Culture and Society*）杂志为例］表现出对一些核心主题的强烈关注。其中一个主题是肥胖“症”的文化面向，包括身体管理与形象、快餐消费、与儿童有关的校餐等议题。另一个主题是迁移与移民劳工，以及与之相关的种族与认同问题。这类主题相当关注菜系（cuisines）的美学特征，涉及外出就餐、食物消费的伦理议题和通过社会运动进行动员等议题。在这方面，这些研究与更普遍的消费文化研究有相似之处，研究的焦点主要集中于关注全球化的影响和个人认同的形成。

与其他学科相比，社会文化科学中关于饮食的研究数量是微不足道的，尽管目前饮食研究的总量是相当可观的。人类学、社会学、地理学、历史学和文化研究，都尝试解释变化的食物消费模式。这些学科往往对食物生产和食物消费问题同样感兴趣，或许实际上应该如此。食物研究的重要转变发生在农业食物研究的更老牌领域，新的农业政治经济学提供了各种研究方法。[1] 但是，“吃”很少被作为研究对象。默科特、贝拉斯科、杰克逊主编的《食物研究手册》（*Handbook of Food Research*，2013）中与此相关的那一章赫然加上了“‘食物消费’社会学”这样的标题。即使在社会科学领域更普遍地关注消费多年之后，食物研究仍集中在产品、生产及供应上。然而，有关食物消费与饮食的研究论文发表在综合性的、主流的社会科学期刊上却越来越普遍了。《社会学研究在线》（*Sociological Research Online*，2011）、《社会学评论》（*Sociological Review*，2012）、《社会学杂志》（*Journal of Sociology*，2010）及《环境与规划 A》（*Environment and Planning A*，2010）专辟特刊标志着这一转变，然而绝非巧合的是，这些研究都集中在危机、风险与食物政治学上。[2]

因此，食物的社会科学是一项多学科的冒险事业，它是在农业和营养学研究的大本营的罅隙间进行的。以往的这些食物主题，分别借助政治经济学与（社会）心理学来研究食物的社会性

[1] 默科特等人（Murcott et al.，2013）把社会科学的食物研究进展列入目录，并且用了约500页的篇幅介绍了这些之前社会科学领域不太突出的食物研究，但其主要内容是关于食物生产，而不是食物消费。参见普里查德（Pritchard，2013：167-176）对不同研究方法的评论，他持续关注全球（和国家）经济中食物的作用、食物安全及确保世界人口生存的食物产量等问题。

[2] 以前，研究者在主流的社会学期刊上仅可以找到少量始于20世纪90年代研究食物消费的论文，这些研究通常将食物消费作为概念框架的例证，或在讨论文化、品味及美学的背景下使用食物消费。

或人文性方面的内容，而不是生物学和生理学方面的内容。相较之下，社会学对食物研究的贡献是微乎其微的，但其影响力在迅速扩大。

理论追求

对于理论应该做什么，社会科学家并未达成一致意见。阿本德（Abend，2008）辨识出“理论”一词在社会科学中的七种不同用法，从变量间的统计相关到“世界观”（*Weltanchauungen*）。在他看来，对于“理论一词真正表示什么意思”这个问题，不可能有最终答案，因为“理论不是你可以**找到**或**确立**的那种东西”；因此，他倡导本体论及认识论的多元主义原则。理论具有重要性，部分原因是它是创造专业学术共同体的核心。对于一个思想流派或某个学科而言，理论体现了明确表达解释普遍原理的愿望。正如布尔迪厄所言，理论充当了科学实践的“**幻象**”（*illusio*），常常是对一种共同活动的价值不言明的信仰，这种共同活动催生并强化了对科学领域内的进步的个人投入和集体承诺。因此，理论通常被认为是一种概括手段：从以往的研究及解释中，概括出一般的、有效的、可靠的知识，由此确定必要条件，以对关于某一现象的现有观察结果做出一致的解释。

这里，我提出一个基本的、通用的理论定义。理论是一组命题（话语的或代数的），如果人们想解释情境（发生、过程或事件、事态）为什么或如何（必然）向本来的方向发展，这些命题就会提醒人们应该注意什么（相关的、重要的实体——其属性和特征可被描述)，以及这些实体是如何相互关联的。这样一种观点容许存在很多种不同类型的理论及不同类型的解释。理论的组成部分包括分类法（实体属性的类别与界定)，所观察的各种现象间及这些现象与其他现象间关系的命题，以及关于这些现象的起源或发展的命题。由此产生的理论可以采取（对实体和作用力的）描述、结构详析（specification of configurations)、形式化模型（formalized models）等形式。解释可以是描述性的、分析性的及因果性的。

不同的、相互竞争的观点和解释普遍存在，在某种程度上，这是学科偏好及传统的结果，而这又部分地与学科力图理解的现象本质有关。理论的功能之一是提供一种平衡，否则学科中将有无穷无尽的、不相干的描述性案例研究。比如，没有理论的社会学是枯燥的，难以应用。理论的另一个功能是，对所观察到的现象间的联系［因果、共生、机制、选择性亲和（elective affinities)、偶然的或必然的共存］做出明确和一致的假设，然后这些假设可以利用叙事性阐释和分析性解释作为分析和诠释的基础。理论的第三个功能是，理论蕴含着预测行为或结果的因果模型。

社会学理论或社会文化理论常常是一些猜想，背后是对分析的渴望。它们提供了一个概念、机制及关联的框架，以把握社会相互依赖性和多种情境的单一逻辑。这些理论是猜想性的（逻辑上一致，有整合性的核心命题，概念相互联结，指涉现实世界)，是帮助理解复杂经验现实的透镜。目前，形式化基本不在社会学研究议程上。原子化的个人行动模型适合于非背景性的概括，可以根据理性行动的法则进行形式化，而在历史学、社会学、文化人类学和文化心理学中更为典型的社会文化解释认为，相互依赖和社会背景的影响是主要的分析对象，在这方面，形式化被证明无能为力。比如，社会学很少产生对行为进行离散预测的形式化模型，尽管它盖然性概括（probabilistic generalizations）的能力并不比其他学科差。在理论抽象的更高层次，社会学的元理论（meta-theories）常常被证明不能应用于经验分析，而且无法排除任何可能性。此外，很少有公认的规则可以让研究者根据真理内容在不同的理论中进行选择。

总之，理论是选择性关注的工具。理论的主要作用在于，强调现实世界的某些特征而忽视其他特征。理论必然搁置复杂现实世界的大部分特征，以便对某一事物的运作方式给出一个简明的解释。一些学科比其他学科寻求更简明的或还原式的理论。[1]

社会学特别关注社会环境中的互动，或行动发生的社会情境。由于社会情境是多元的、多变的和流动的，社会学发现很难系统制定出有预测力的简单因果模型。从历史上看，相对于其他学科，社会学更强调社会群体的相互依赖、集体条件及成员身份，以及个体行为的规范性基础。因此，相较其他学科，社会学对行为的群体模式更感兴趣，较少关注个体决策过程及相关的心理过程。另外，社会学强调行为的社会性，即自我适应变化的方式，人们接受共同是非观念的方式，并且强调行为是社会的约束性习俗和支持性制度过程的结果，而这样的社会，就是他们的出

[1] 注意，阿伯特（Abbott，2004）区分了三种类型的解释纲领（语法性的、语义性的、语用性的），他认为每一种解释纲领都有不同的目标。

生之所和移民之地。可以认为，大多数形式的社会学并没有搁置复杂情境的特征。

发展一种饮食理论面临的多重障碍

饮食社会学理论的发展之所以受到限制，有三个原因尤其突出。第一，饮食被看成一系列实际问题，是一片危机四伏的研究领域。第二，在多学科背景下研究饮食主题，不重视饮食理论的综合。第三，饮食研究更关注饮食生产，较少关注饮食消费。

在任何活动领域，对有限的理论抱负的一个解释是应对实际困难的紧迫性。对几乎所有人而言，每日多餐是持续不懈的现实目标。在很多社会中，实现这一目标被证明是极其费力的。导致人们下一餐可能没有着落的原因，在人类历史上差异很大，这不只是因为狩猎采集社会和定居农业社会所面临的难题不同。食物的季节性供应与年度变化，丰年与歉年交替，总是可以预料的。而由自然灾害、战争、横征暴敛及无效的政治管理造成的粮食供给中断，常常导致全部或部分人口难以获取足够的食物。这些难测之事，强烈地影响着社会关系，导致粮食骚乱，以及因饥荒和殖民扩张造成的人口迁徙。在资本主义社会，工人每天工作很长时间，家庭的大部分开支用于获得足够的食物。因此，并不让人感到意外的是，早期的食物消费研究主要关注人们是否能获得足够多的食物或者足够的食物种类，以维持健康。与贫穷和不平等政策相关，营养不良的社会境况是19世纪末以来食物研究的重点。此后，食物研究的任务调整为尝试理解和克服社会和经济障碍，以落实来自20世纪医学和营养学研究的饮食建议。

表面上看，在资本主义经济高度发达及消费文化成熟的社会里，许多食物问题得以解决。在像英国、美国这样的富裕社会中，没有人饿死。[1] 家庭用于食物的平均开支比例是相当低的（略高于10%）。食物供应的地区性、季节性及年度变化，早已被降到最低程度。食物供给大概再没有比过去五十年间的欧美更安全的了，尽管最近世界市场的食物价格在上涨。然而食物和饮食问题，依然是相对普遍的、制度性的焦虑的根源。当前的食物问题与过去的问题不同。专家和权威人士表达出对食物问题的焦虑，再通过媒体传播，引起各方争论，进而成为大众理解食物问题的一部分（尽管常常是比较模糊的一部分）。调节焦虑，已经成为社会科学的主要任务。

这些焦虑可以分为五种类型：身体的、社会的和道德的、符号的、经济的和伦理政治的。无疑，在过去二十年里，社会科学领域关于食物的大部分研究都可以归入这些类型。第一，公众关注现代工业食料的危害，涉及这些食料的去自然特性。公众对工业食料及原材料的担心，归因于食品工业生产制度，如添加剂、化肥、卫生和安全、新育种技术和部分或完全预先加工食品的营养性能，这加剧了公众本应避免的焦虑。风险的性质、对风险的感知和评估被广泛研究，工业食品生产链中追求利润的负面影响也时常被提及（如 Nestle，2006）。第二，公众对用餐安排的去结构化感到担忧。20 世纪 60 年代以来，作为饮食社会学的核心主

[1] 然而，2013 年，在本书写作过程中，由于英国政府出台的政策不能确保最穷的那部分人的集体安全，据估计，有 100 万人经常会去慈善机构运营的食物银行领取食物。

题，用餐一直受到极富个性潜力的方便食品、礼仪和私人关系的非正式化的影响。以对家庭用餐衰落的恐慌（并不新鲜）为标志，问题变成了如何吃饭，进而引出了与维系重要社会关系有关的实际道德议题。第三，符号层面的焦虑反映了理想饮食结构和内容的不确定性。这种焦虑想象出一种意义危机，这种危机源于人们在面对种类繁多的食物时不断增加且可能无法控制的选择。一旦没有单一的、确定的、国家认可的或传统的菜单规定该吃什么，就会有人认为，选择的实用和美学标准就会变得令人非常烦恼。吃什么最好的问题已经成为人们的困扰。第四，就食物的货币价值这个反复出现的经济问题，各种特有的说法已经出现。与过去相比，大众的焦虑可能更少集中在过去那种经营者的欺诈或不法行为上，而是更多地集中在利用复杂的销售技巧进行的操控、零售商的过大权力及物有所值上。第五，像其他消费品一样，食物已经成为一个复杂的政治议题。大众作为消费者及公民，围绕动物福利、环境恶化、国际贸易和食物全球运输的后果、互惠贸易、食物质量等议题进行动员。这些关注使购买成为一种困难的、有争议的、准政治化的实践，也提出了关于行为改变的问题。

应该如何解释和严肃对待这些焦虑，在学术界引发了相当大的争议，可以这么说，这些争议催生了有实际价值的经验研究，让饮食的诸多方面更加明显、透明和可理解。然而，这些研究如果涉及理论问题的话，通常会选择极为不同的理论起点，不重视理论建构或理论上的综合。尽管如此，即使危机不是一个很好的理论来源，也使饮食问题重新成为人们关注的焦点。正如让-皮埃尔·普兰（Jean-Pierre Poulain，2012）指出的，健康风险、动物福利和贫穷（以及全球不平等）这些议题，使食物问题重新成为突出的“社会问题”。

以解决注意到的实际社会问题为目的开展的社会研究，影响着组织和巩固知识的形式。通常，它鼓励跨学科及多学科探究。对于政策的制定者与研究的资助者来说，各学科往往把问题不必要地复杂化。面临紧迫的、亟待解决的问题，学科专家坚持的理论假设的细微差别，往好里说是理论转向，往坏里说是不负责任。因此，在当前的政治氛围下，跨学科研究受到广泛鼓励。这并不是新鲜事；至少从 20 世纪 20 年代开始，跨学科性已自觉地成为学术组织的一种形式和目标。研究机构是跨学科组织的典型形式，而大学院系和专业协会一直是学科的主要组织形式。学术研究的这两种组织模式共同发展，至少共存了 100 年之久。雅各布斯和弗里克尔（Jacobs and Frickel，2009）基于大学内学科及研究机构的形成及组织方面的资料、跨学科的期刊及引文方面的研究，以及明确的跨学科学术的知识影响研究，得出结论：没有证据表明一种模式优于另一种模式。但是，学科研究可能在理论上投入了更多的精力。各学科发现，即便它们自身内部存在分歧，它们也积累了涉及反复出现的知识难题的完整知识，那是它们长期致力的特定类型解释所必需的。因此，食物理论的综合，不可能来自对食品安全、肥胖与零食等实际议题的探究，也不可能出现在多学科的、人文性的食物研究项目中。

形成饮食理论的第三个障碍在于，食物生产分析具有相对优势，尽管这本身并不令人遗憾。食物政治经济学在描绘跨国公司如何在农业、制造业、制药业和零售业以及与政府和国际机构的互动中改变世界的食物体系方面，取得了相当大的成就。对风险的影响、盈利机会以及剥削和不安全方面的代价等，都得以被认识。农村生活、农业及家务劳动的社会学研究，也取得了相当大的进展。但是，在多数情况下，对食物生产的有力解释并没有促进食物消费分析的发展。实际上，消费社会学的发展在很大程度上是对经济学式的解释的反应，这种解释，我指的是假定消费从属于生产，可以由生产来加以解释，这是马克思主义经济基础-上层建筑原理的老套例子。消费社会学随后的发展表明，理解消费，需要彻底摒弃以生产为主的解释，从而为认识消费环节的自主特征留出空间。要就消费的定义达成一致仍然很困难，部分原因是在英语中，“消费”这个词的两个不同词根所表达的含义不一致。一个有否定的含义，源于拉丁文，意为“破坏、浪费、耗尽”。第二个是随着18世纪政治经济学对市场关系的描述而出现的，它将消费者和生产者区分开来，同样，区分出消费与生产。第二种含义意味着，其兴趣在所交换商品的价值变化上，而不在商品和服务的用途上。从社会学视角出发，“使用”的维度至关重要，在其他地方，我将消费界定为“行动者参与占用和欣赏自己选择的商品、服务、表演、信息或氛围的过程，不管其出于功利的、表达性的还是沉思的目的，无论其购买与否，行动者都有一定的自由裁量权”（Warde，2005：137）。在这个定义中，占用（appropriation）涉及因个人和社会目的而使用商品和服务的实践活动。“欣赏”（appreciation）则是指赋予商品、服务的供给和使用以意义的各种过程。这些过程与第三个词——“获得”（acquisition）密不可分，“获得”是指通过市场或其他机制进行交换，为个人及家庭供应提供各种途径。但是，在本书中，我基本不考虑食物获得的过程，把这些过程置于从食物的农业生产到零售商店交换的长链之外。这并不是因为这些过程无关紧要——绝非如此。人们吃的食物，必然是生产过程的结果，既是家务劳动和有偿劳动、制造及批量生产、资本投入和先进的分销网络，共同参与现代工业食物生产和分配的结果，也是饥饿、饥荒及食物不安全的结果。这些过程决定了人们可以吃什么。但是，这不仅是一个宏大的主题——本章的讨论不足以恰如其分地处理它，而且是一个已经受到很多关注的主题。此外，这些问题往往淹没了理解消费是如何被组织的研究尝试。在这里，我试图研究围绕最终消费的社会过程，以及商品交换或制备食物过程中使用劳力之外的活动。生产问题确实被纳入其中，因为当终端消费者选择吃什么和对一顿饭做出评价时，会根据来源、质量及产地来区分美味的食物与难吃的食物。商务传媒产业及激进的社会运动的“甜言蜜语”传播着食物生产的信息，影响了大众在消费环节对食物的鉴赏。不管怎样，始于食物生产的研究，往往集中关注食料的功能方面，很少关注餐食、礼仪、愉悦感和“吃”的象征性方面。撇开食物生产问题不谈，我们可以更清晰而细致地聚焦于“吃”的问题。

发掘旧传统、新研究，寻求替代框架

饮食领域的理论研究一直令人失望。对某一主题的当前主流进路发起有效挑战，往往是通过回到基于不同的理论假设的更早阐述上来。比如，阿伯特（Abbott，2001）根据处于中心的理论对立，如结构与行动、选择与约束、冲突与共识等在不同端摇摆不定的状况，为社会科学的不均衡发展提供了简明的、发人深思的解释。所以，回顾在 20 世纪 80 年代文化浪潮的冲击下被削弱（如果不是被扼杀）的一些主题及理论关注，应该会有所收获。因此，我首先再现早期的饮食研究，为修正饮食理论发掘框架。其目的是，保留和吸收在文化转向时期出现的有价值的观点，同时发展新的概念以解决一些主要相关的问题。本节的目标是，在更全面和更具综合性的社会学理论中，重塑对“吃”的社会学理解的最有价值的要素。

审视饮食社会学领域可以发现，现有的食物和饮食社会学教科书（如 Mennell，Murcott and van Otterloo，1992；Atkins and Bowler，2001；Belasco，2008；McIntosh，1996）几乎未涉及相关的非传统理论思潮。尽管社会学中充斥着各种相互竞争的理论，但门内尔等人（Mennell et al.，1992）所做的简单分类被反复提及，他们区分了功能主义、结构主义和发展主义。其他的理论框架确实存在，但它们常常不太明显，隐含在背景当中。值得注意的是，法国的社会学更好地描述了这些理论差异。比如，普兰（Poulain，2002a）回顾了符号互动论对饮食研究的贡献。他（2002a：190）

从两个维度对饮食进路进行了有益的描述。第一个维度比较了普遍主义与发展主义的解释。普遍主义力图解释无处不在的食物功能，尽管其他学科也提供了饮食在人类社会中发挥的功能的解释，但这一进路在人类学中更为常见。在最广为人知的理论家中，列维-斯特劳斯和玛丽·道格拉斯（Mary Douglas）倾向于强调食物功能的不变性这一极。相较而言，诺贝特·埃利亚斯（Norbert Elias）、马文·哈里斯（Marvin Harris）、门内尔和古迪（J. Goody）则更关注食物功能发生变化的历史过程。第二个维度关注社会的自主程度，以布尔迪厄和格里尼翁（C. Grignon）的消费社会学理论为代表，相比之下，菲施勒（C. Fischler）等人更关注饮食中的个体。

“吃”是典型的消费过程。但是，在阐释性社会科学或社会学中，它从来就不是一个受欢迎的研究主题。营养科学的大量研究普遍遭到贬低，这种趋势因文化转向而加强，文化转向专注于意义及其社会建构，而不是肉身性和生理过程。随着社会学家觉得非应对不可的肥胖危机处于中心地位，最近身体社会学研究开始重新考虑这个问题，尽管大多不是以营养科学中主流的实证主义方式进行的。

在20世纪最后三十年里，社会科学研究范围的拓展带来了一系列新的主题和理论思考。无论过去还是现在，经济学家都对工业化后果或消费模式的影响特别感兴趣，其中，验证恩格尔定律成为研究的焦点。不断变化的家庭食物开支比例状况为群体的饮食模式提供了有用的证据。政治经济学对消费的研究虽然有点受限于新马克思主义的经济学假说，但仍然对理解消费产生了有价值的影响，其中，调节学派（Regulation School）（Aglietta，1979［1976］）代表了理论的一极，西敏司（Mintz，1985）的《甜与权力》（*Sweetness and Power*）则代表了理论的另一极。西敏司对糖的传播历史中生产与消费的整体联系的研究，依然是食物综合分析领域的一座灯塔。

历史唯物主义的解释得到了像门内尔（Mennell，1985）的《有关食物的一切礼仪》（*All Manners of Food*）这样的研究的补充，这是埃利亚斯文明进程理论的应用，该理论比较了中世纪以来英国和法国的饮食习惯。社会学家也细致研究了作为一种制度的用餐的社会安排［通常建立在齐美尔（Simmel，1994［1910］）的洞察之上］，那种安排是为了划分社交边界，并越来越成为社会区分的手段。比如，布尔迪厄（Bourdieu，1984［1979］）生动地阐述了在法国巴黎和里尔，饮食在符号化社会阶层方面的作用。在发展主义范式中，这些是主要的、开拓性的社会学研究。同时，结构人类学和符号学对饮食的象征意义有了新的理解和方法；列维-斯特劳斯（Lévi-Strauss，1965）的烹饪三角结构和罗兰·巴特（Barthes，1973［1957］）对牛排与薯条的符号学解构是值得关注的饮食研究。人类学家也认为，现代社会的饮食习惯和仪式是体现社会组织模式的文化意义和多样性的重要来源（如Douglas，1984）。

20世纪80年代中期之后，很少有饮食研究表现出同等程度的原创性或创新性。农业食物工业的政治经济学和农业食物研究，运用食物体系、商品食物链或食物制度概念，取得了较大进展（Carolan，2012；Pritchard，2013）。这些研究几乎很少明确提及“吃”这个领域。然而，迅速增加的食物研究文献显示，越来越多的经验研究关注到食物消费与“吃”的不同方面。西敏司（Mintz，2013）描述了到20世纪80年代，食物研究每间隔十年的进展，并指出此后的大量食物研究越来越难以进行编目和分类。常规科学似乎既没有阐明和巩固既有的立场，也没有进行概念上的整合与新的综合。但是，具体到饮食社会学研究，一系列具有不同概念基础的进路，被认为有助于发展食物消费的社会文化理解。每一种进路都受到不同理论的指引，通常有不同的经验聚焦。

符号、象征体系及话语的结构主义分析所持的观念是，食物有助于揭示个体和群体的社会类别及心理结构。结构主义被证明是文化分析中有价值的方法论工具，但作为一般性理论早已过时。此种方法论工具仍被证明是有用的，它指出了文本及图像中表达的基本结构对立，表明了符号形式如何赋予食物及用餐以意义。尽管结构人类学与结构主义理论质疑这种对立的普遍性，但在特定文化背景中，识别和阐释这些结构有助于确定主流的理解和争议。结构主义是在意义及语言层次进行文化分析的专有形式。它主要应用于人类学，但更普遍应用于文化分析。结构主义对食物研究的经典贡献，来自列维-斯特劳斯（Lévi-Strauss，1965，1969）、罗兰·巴特（Barthes，1973［1957］）及道格拉斯（Douglas，1972）。

饮食研究的第二块内容，与文化转向无关，而是源于对劳动分工，尤其是对家庭劳动分工的关注。在马克思主义劳动价值论备受争议的时期，受此时女性主义的影响，饮食研究的对象之一是餐食的供应与制备。一些消费理论非常积极地使用“供应”的概念，认为供应是市场供给和家庭使用的结合，而无偿劳动是一个关键的中介过程。从事食物研究的社会学家对家庭内部围绕餐食建立起来的社会、情感关系最感兴趣，因为这些关系揭示和再生产了性别不平等，同时在主妇为家庭提供餐食的过程中，培育了积极的情感关系（Charles and Kerr，1988；Murcott，1983）。备受推崇的家庭用餐象征着爱与关怀，来自共同进餐的团结感，就像它塑造了社会分工一样（DeVault，1991）。但是，这个坚实的研究体系的主要特点被引入工作与性别分工的社会学领域，而不是消费社会学领域（参见 Glucksmann，2014）。尽管西方女性参与劳动力市场模式的不断改变，引起了家庭劳动分工的一些明显变化，但性别化的供应模式及家庭餐食理想化（idealization）方面的经验证据，已在不同社会背景中被多次发现（Brannen，O'Connell and Mooney，2013；Kaufmann，2010［2005］；Sobal，Bove and Rauschenbach，2002）。

食物研究的第三块内容，关注社会阶层与食物消费模式之间的联系。尽管研究的理论起点不同，但门内尔（Mennell，1985）、古迪（Goody，1982）和布尔迪厄（Bourdieu，1977［1972］，1984［1979］）的研究都显示出阶层结构与文化品味之间的关联：消费的食物和组织餐食的方式反映了不同的社会地位，而更精致的肴馔则是在特定社会阶层的背景下发展起来的。这些分析将物质资源和文化能力联系起来。此外，布尔迪厄认为，因为人们吃什么及怎么吃是积累“文化资本”的机制之一，所以品味判断主动地再生产了不平等的社会关系系统。布尔迪厄的研究表明，食物偏好以传递社会价值信息的方式进行编码。但不同阶层消费的食物各不相同，而人们组织饮食的方式，即“对待食物、摆放食物、呈现食物、提供食物的方式”，体现出更大的差别（Bourdieu，1984：193）。在不同国家开展的后续研究持续表明了社会阶层与不同食物开支的相关性（Darmon and Drenowski，2008；Grignon，1993；Régnier，Lhuissier and Gojard，2006；Tomlinson and Warde，1993）。关于食物供应与配送方式的差异问题，令人信服的定性研究数量较少，但仍成功地阐明了食物消费的阶层效应（Darmon，2009）。有关阶层划分的一般原则，也被应用于性别、种族、代际等社会分层中（Caplan et al.，1997；Charles and Kerr，1988；Diner，2001；O'Doherty and Holm，1999）。

食物与饮食研究的第四块内容，直接源于文化分析。文化转向对消费和饮食领域的社会科学工作的重要性怎么说都不过分，因为它对所有人文和社会科学都有影响。“文化转向”总体上改变了阐释性社会科学（在这里，我主要是指社会学、人类学和地理学）的学术关注点，使其由经济生产及物质生活问题转向沟通、象征意义及生活方式问题。它使社会科学受到人文学科各种哲学和理论的影响，尤其强调文化过程的意义系统和沟通系统对社会组织的重要性，这包括被称为食物研究的大量成果（Ashley et al.，2004）。尽管普遍认为，文化过程的构成观念是极其不同的，但根据文化过程进行文化分析和解释已经蔚为风尚（Kaufman，2004）。

在 20 世纪 80 年代文化转向的背景下，关于消费的社会研究计划（而非说教式的评论）蓄势待发。主要的研究方向涉及全球化深远的文化后果，尤其是美国的消费主义文化是否会到处扩散。阿帕杜莱（Appadurai，1990，1996）将全球化描述为由五种“流”

组成的多维度现象：人员流、资本流、信息流、观念流和命令流。全球化最突出的一些特征可以在食物领域观察到。随后的研究，更多地关注了商品、人员及观念的流动。这使得商品化与审美化的过程及其对自我认同、美食与其文本（和视觉）呈现的影响，成为食物研究的焦点（参见 Warde，2012）。有越来越多围绕认同概念来进行国家、族群与食物选择的关联的研究，因为饮食是表达和体现个人、群体归属感的方式。

文化转向为人类学提供了特殊的机会，这不仅因为文化概念本身的核心地位，也由于人类学长期致力于分析食物在日常社会关系中的作用的传统（见 Mintz and Du Bois，2002）。因此，最近食物消费研究的佳作大多出自人类学家，他们努力将民族志与可取的历史视角相结合，对变化的饮食模式进行了令人印象深刻的研究（如 Counihan，2004；Goody，1982；Mintz，1985；Sutton，2001；Wilk，2006）。历史学家们也做出了重要贡献，特别是对高估 20 世纪后期全球化独特性的倾向进行了批判性的评价（如 Nuetzenadel and Trentmann，2008）。此外，新的文化研究学术领域在分析大众传媒形式的变化方面，使人们注意到与食物有关的媒体内容的涌现（Ashley et al.，2004；Rousseau，2012）。

因此，到 20 世纪末，个人和族群认同、民族国家建构与国家认同、食物恐慌、外出就餐、消费者运动与移民等逐渐成为饮食研究的焦点，所有这些主题都或多或少地与全球化和消费文化有关。对这些主题的研究，对于理解人们吃什么及如何吃发挥了重要作用。因此，食物研究的焦点从饥荒、食物暴乱、恩格尔定律、贫穷、借与贷、礼节、餐食与阶层差别上转移开来。但是，越来越多的迹象表明，食物研究的潮流正在转变，文化分析的支配地位正逐渐被削弱。

文化转向之后的进展

虽然文化转向在分析消费方面的成就正逐渐受到责难和批评，但必须重申的是，这些成就是相当重要的，它们为学术界及社会科学对食物和饮食研究的发展奠定了基础。然而，文化转向的影响力已经开始逐渐减弱（Warde，2014）。文化分析往往忽视实际的、常规的日常活动，去关注生活方式中更具表现力、更显眼的特征。文化转向对能动性和反身性（reflexivity）的褒扬，掩盖了具身性程序及习惯的重要性。文化分析对科学的精神及程序持部分否定的态度，反对社会文化领域的学者运用营养学、化学和心理学的唯物理念，以及这些学科的实验、统计方法及其结果。简言之，日常生活的物质性和工具性特征被低估了，但最近一些研究开始加以弥补。

一大进展——主要来自人类学研究——是出现了大量的物质文化主题研究。丹尼尔·米勒（Miller，1987，1998，2010）是其中最具创造性和多产的倡导者之一，其有趣的研究包括，商品的使用经历、商品在形成和维持社会关系中的作用及商品私人的、实际的和政治的意义。通过商品和其他实物（material objects）研究消费的观念迅速传播开来。食物研究日益让产品简介显得更好看，擅长捕捉食物具有物质的、生物的、经济的、社会的和象征意义的事实，以及超市中就能买到的许多产品背后复杂的物质性亚结构（如 Dixon，2002；Harvey，Quilley and Beynon，2002）。另一方面，科学技术研究展示出，对象、工具及设备如何规定了开展特定任务及活动的方式。工业制冷系统（Freidberg，2009）、家用冰箱（Shove and Southerton，2000）和食物处理机（Truninger，2011），提供了机器如何改变家庭食物供应的程序、性能及发展潜力的实例。

具身化主题是食物研究的另一个新鲜尝试。传统上，社会学回避摄取食物的基本生物学特征，因为这会让人想到本质主义的本质观和自然观。[1] 当社会文化分析涉及身体时，其焦点多集中在身体的完整性、身体管理或身体性别上，尽管食物也被认为是一种特别重要的消费形式，因为据说身体吸纳营养物质，易引起忧虑、恐惧和厌恶的情绪（Cervellon and Dubé，2005；Douglas，1966；Falk，1994；Rozin and Fallon，1987）。更通俗地讲，对“肥胖症”的关注不仅催生了有关体形的文化研究，而且带来对肥胖原因和减肥方法的大量研究和猜测（Guthman，2011；Ogden，2013；Poulain，2009）。目前，食物研究也开始关注感官在饮食体验中的作用，这也是将研究方向部分从精神过程转向身体过程，或者更确切地说，是两种过程的结合（Sutton，2010；Wilhite，2014）。此外，在一系列需要熟练的身体协调的其他活动中，关于身体能力的研究令人印象深刻，为未来研究饮食的生理、程序化带来了希望（Ingold，2000；Lyon and Back，2012；Sudnow，1978；Wacquant，2004，2014）。

[1] 20世纪90年代的饮食失调研究是一个例外。

尽管文化转向使食物研究的社会学传统“黯然失色”，并部分阻碍了它，但也使它对食物消费的具体社会特征的解释得到了支持和发展。然而，随着研究重心从社会关系和资源转移到媒体传播和烹饪文化上，研究视野变得狭窄了，基本无力对跨学科交叉领域的饮食研究做出理论贡献。尽管如此，社会学的食物研究还是为特定主题提供了有价值的证据。洛特·霍尔姆（Holm，2013）在一份关于食物消费的社会学研究综述中，阐述了持续发展的一系列系统性的食物研究。这些研究通过对用餐模式，共餐（commensality）与家庭用餐，饮食行为在性别、种族及阶层上的社会分化，以及饮食倾向和偏好的形成这些主题的跨时空比较，巩固了饮食社会学的知识。饮食倾向和偏好的形成，尤其是关于品味形成的研究，探讨了惯习（*habitus*）、待客的礼仪及规则在决定消费模式上不断变化的作用。霍尔姆指出，社会学的贡献在于，揭示出品味偏好的起源、社会组织、社会背景对解释行为的重要性，以及食物在社会团结及维持社会关系中的作用。在这个过程中，社会学对“吃”的理解更一般地广泛借鉴了不断积累的关于消费的知识（见 Sassatelli，2007）。

值得注意的是，霍尔姆将她对用餐模式和时间节奏的研究的回顾置于实践理论的框架中。她从作为一种实践的消费的角度，阐述了最近的研究以及社会学具体而独特的贡献，其主要目的是把饮食研究的社会学方法与经济学、心理学方法区分开来。（她本人也隐然跟营养科学及其有学科特色的饮食营养成分探究保持距离。）社会学剖析了“吃”的社会背景，也许由此解释了人们为什么不会按照自然科学的建议来安排饮食。霍尔姆评论道，尽管流行病学或许可以明显地将穷人的次优饮食解释为缺乏金钱、知识或便利的途径，但穷人是否及为什么**喜欢**“不健康”的食物，仍然是一个悬而未决的问题，这个问题通常仅由社会学提出。

2001年，沙茨基、诺尔·塞蒂纳（Knorr Cetina）和冯·萨维尼（von Savigny）宣告了“当代理论的实践转向”。自此，实践理论作为文化分析的一个可行替代方案被详细讨论。实践理论并不强烈地依赖某个学科，而是逐渐被纳入各个学科，如商业研究、组织研究、语言学、文化地理学、媒体研究，以及社会学。实践理论的系统阐述与传统的新古典经济学及许多实验心理学的假设直接对立，实践理论尤其反对个体行动模型，其分析框架摒弃了个体主义及计算理性。同时，实践理论也对一些主要的文化分析形式的关键原则提出疑问。实践理论因其有可能整合阐释性社会科学的各种进路，并将社会性带回饮食研究，而得到认可。实践理论集中关注规范与习俗、身体与具身化、实物、日常行为和行动的制度性背景，这些研究凸显了社会学关注的核心议题。与其他学科的假设和原理相比，实践理论有望为食物和饮食研究提供更彻底和独特的社会学分析。下一章将更详细地讨论各种实践理论。

3

实践理论要素

实践理论要素简介

在本章，我选择性地回顾了实践理论的最新进展，目的是引入一系列有助于进行饮食分析的相关概念。由于实践理论被公认为是多种多样的，这就需要研究各种实践理论及其相容性。现有的各种实践理论具有“家族相似性”(family resemblance)。所有的实践理论，首先将实践活动看作人们在世界上安身立命的手段，因而强调做甚于想，实践能力甚于策略性推理，相互可理解性甚于个人动机，身体甚于精神。因此，实践理论也反对个体主义解释。

在社会科学中，实践(practice 和 *praxis*)的概念有着悠久的历史(见 Nicolini，2012)。但是，20 世纪 70 年代，皮埃尔·布尔迪厄及安东尼·吉登斯等人重新使用并修正了这些概念，用以研究社会理论中的基础性问题。二三十年之后的 2001 年，当代社会理论的“实践转向”再次引发人们的关注(Schatzki，Knorr Cetina and von Savigny，2001)。当代社会理论重新聚焦于实践主题，认为实践是社会分析的最基本单位，并提出了一些新概念。大量的经验研究随之产生，但没有形成一致的实践理论。即便如此，奥马尔·利萨尔多（Omar Lizardo）在2010年欣欣然宣称，“可以毫不夸张地说，实践在当前社会学理论中所发挥的核心作用，正如价值和规范模式在功能主义盛行时期所起的作用一样”（2010：714）。在本章，通过概略性地梳理观念史，我将介绍实践理论的一些主要概念。然后，我将回顾在具体的社会学分析中，运用这些概念时可能出现的一些问题。有些困难与我的研究直接相关，即对“吃”进行实践理论的解释，不过它们会在接下来的章节中被更加细致地予以讨论。

20世纪70年代，重新发现“实践”（*Praxis*）

谢里·奥特纳（Sherry Ortner）在其发表于1984年的一篇被广为引用的关于人类学理论趋势的文章中提到，“理论转向的新关键标志正在出现，它可以被称为‘实践’（practice）［‘行动’（action）/‘实践’（*praxis*）］理论”（1984：127）。奥特纳认为，实践理论产生于20世纪60年代形成的人类学理论流派和70年代跨学科的马克思主义与政治经济学的交互中。实践理论的发展归功于以下主要研究者：社会学家皮埃尔·布尔迪厄和安东尼·吉登斯，以及人类学家马歇尔·萨林斯（Marshall Sahlins）和米歇尔·福柯。他们的一个共同目标是，以完善系统和结构研究的方式解释行动。奥特纳认为，理论研究对这种情形的突出反应是，

“在过去的几年里，理论分析的兴趣越来越集中于一套相关术语中的某一个：实践（practice）、实践（*praxis*）、行动、互动、活动、经验、表演。另一套密切相关的术语关注所有这些行为的实施者（doer）：能动者（agent）、行动者（actor）、个人、自我、个体、主体”（Ortner，1984：144）。

尽管奥特纳区分的这两套术语从未彼此独立，但它们成为社会分析截然不同的取向的基础。理解“实施者”，不一定涉及对“做”的分析，反之亦然。这一点通过比较布尔迪厄和吉登斯的理论发展轨迹可以看出。他们二人在 20 世纪 70 年代各自提出了广受赞誉的新实践理论，详细阐述了一些概念框架，以捕捉结构与能动性、主体与客体的相互作用。布尔迪厄的论述，具体说来是在实践的理论化方面，更彻底地扎根于对卡比尔人的经验调查，通过对其进行分析而建立起来的（Bourdieu，1977 [1972]）。吉登斯的实践理论，则源于古典和现代社会理论，因此更多的是一种哲学人类学活动。

吉登斯直言不讳，认为需要一种行动理论。《社会理论的核心问题》（*Central Problems in Social Theory*，1979：2）一书的首要任务就是，改变“社会科学中缺乏行动理论”的局面。在《社会的构成》（*The Constitution of Society*，1984）一书中，吉登斯提出结构化理论，通过结构二重性概念，试图对人们往往偏重其中之一的结构和能动性范畴给出均衡的、对称的解释，结构化理论的主要目标是，恢复受社会学传统排斥的“能动性”概念。根据吉登斯的观点，社会科学的研究领域

> 既不是个体行动者的经验，也不是任何形式的社会总体的存在，而是在时空中有序安排的各种社会实践。人类的社会活动……具有循环往复的特性。也就是说，这些社会活动并不是由社会行动者一手塑成的，而是由他们作为行动者来表现的自身方式持续不断地再创造出来的。(Giddens, 1984: 2)

因此，社会实践被认为是社会科学分析的主要目标，实践活动的循环往复性提供了社会实践再生产的机制。吉登斯结构化理论的基础是:

> 我认为，社会实践和实践意识是社会理论中两种传统的二元对立的重要调节因素。其中之一是……个体和社会，或主体与客体的二元对立；另一种是认知的意识/无意识模式的二元对立……结构化理论取代了结构二重性的核心观念。所谓结构二重性，我指的是，在社会实践中形成的，社会生活本质上的循环往复性：结构既是实践再生产的中介，又是实践再生产的结果。结构同时作用于行动者和社会实践的构成，并且“存在”于此构成的产生时刻。(1984: 4-5)

这段话似乎为实践划定了一个中观层次的角色，即实践是构成主体和结构的纽带。因此，吉登斯将社会实践的概念视为重要中介，而系统被界定为“作为常规的社会实践组织起来的，多个行动者或集合体之间再生产出来的关系”(1984: 25)。但是，查看《社会的构成》索引中提到的有关内容，我们会发现吉登斯几乎没有详细论述过社会实践的概念。实践从未被界定，有具体内容的实践同样未被讨论，显然，实践也未成为经验研究的主题。相反，吉登斯强调“惯例”（routines）、“例行化”（routinization）及实践意识的作用。但随后，在《现代性与自我认同：现代晚期的自我与社会》（*Modernity and Self-Identity*：*Self and Society in the Late Modern Age*，1991）中，“反身性监控的社会行为”削弱了惯例与实践意识概念的重要性。在更具争议性的著作《亲密关系的变革》（*Transformation of Intimacy*，1992）中，吉登斯在阐述个体化议题时，强调生活方式、风险、个体化及个体的反身性在组织“纯粹”关系中的作用。《亲密关系的变革》很少涉及实践意识，仅在界定生活方式时，提到了实践。当吉登斯在讨论生活方式（Giddens，1991：80-87）时，他似乎搁置了《社会的构成》中的观点，他对反身性的关注使他转向了唯意志论的个体行动分析：“生活方式是例行化了的实践，这类惯例融入衣食习惯、行为模式及与他人交往的惬意环境，但根据自我认同的流动本质，个人遵循的惯例是开放的、可以改变的。”在这种解释中，第二套核心术语，诸如行动者、个人、自我及个体主体性，越出了实践概念的坚实藩篱。随着文化转向的展开，吉登斯的解释与个体化论题以及将消费视为追求自我认同的表达的观点，变得难以区分。

吉登斯很少明确提到实践概念，但在皮埃尔·布尔迪厄的早期著作中，实践概念处于绝对的中心地位。无独有偶，布尔迪厄两本重要的代表性理论著作（Bourdieu，1977［1972］，1990［1980］）的标题，均使用了“实践”一词。布尔迪厄对实践的理解，强调了奥特纳第一套核心概念中的一部分［实践（*praxis*）、活动、经验]，然而他在解决结构与能动性的社会学难题时，明显倾向于能动性的概念，而非行动的概念。

在布尔迪厄研究生涯的前半段，他广泛地研究了实践的概念，在《实践理论大纲》(*Outline of a Theory of Practice*) 和《实践感》(*Logic of Practice*) 中，提出了重要的理论阐述。这两本书阐述了布尔迪厄理论的主要概念——惯习、结构、具身化、信念 (*doxa*)、符号资本、支配和实践，但这个阶段他没有提到“场域”(field) 的概念。实践是建立概念框架的基础，这个框架强调实践感甚于学究式理性，习惯性的实践能力甚于深思熟虑的决策。在随后的研究中，布尔迪厄从未放弃对这些著作中发展出的实践理论的执着。但是，布尔迪厄除了不断重申其认识论立场，即实践感与学究式理性的对立，他听任实践理论的其他方面逐渐消失，退隐幕后。取而代之的，一是“场域”的概念——这是他在 20 世纪八九十年代进行主要经验研究的基本分析工具，再则是使用越来越广泛，甚至泛滥的“惯习”概念。

“惯习”是布尔迪厄最富争议的概念，居于他研究的中心位置，是解决结构和能动性问题的关键。正如克罗斯利所言，对于布尔迪厄，“惯习”概念旨在获得：

> 人类行动或实践的观念，它在不忽略其策略性本质的前提下，解释行动或实践的规律性、一致性及秩序……能动者的惯习是在当下起作用的以往经验的活跃残留或积淀，那些经验影响着他们的感知、思维和行动，从而以一种有规律的方式塑造着社会实践。惯习包括倾向、图式 (schemas)、技能

> (know-how) 形式和能力 (competence)，所有这些都在意识以下的层面发挥作用。(Crossley，2001：93)

因此，“倾向、图式、技能和能力”构成了最低限度的心理属性和过程与实施适当实践程序的具身性天赋的结合，有效地承担了解释有规律活动的任务。人们以合格的、有规律的、一致的方式行动，无须有意引导。这并不是行为主义“习惯”概念的纯粹重复，因为实践涉及“受到调节的即兴施为的**无意创造** (intentionless invention)”(Bourdieu，1977 [1972]：79)，这足以维持那种无须深思熟虑而有效行动的能力。此外，人们会和其他有着相似生活经验的人用类似的方式行动，因为社会环境及生活圈子强烈地约束着——尽管不是决定着（像有些批评者指责的那样）——个体：“惯习，是历史的产物，根据历史衍生出的模式生产出个体实践和集体实践，由此生产出历史。”(1977 [1972]：82)

因此，“惯习”具有集体属性，布尔迪厄的一般观点是，社会地位分配有差别的资源，它意味着处于相似位置或有相似发展轨迹的人拥有相似的经验。这种社会学的老生常谈，解释了社会人口特征与不同行动模式相关联的可能性，但绝不是确定性。用布尔迪厄的话说：

> 精心安排惯习的基本影响之一是，生产具有**客观性**的常识世界。这种客观性是通过实践和世界的意义共识获得的，换言之，每一个行动者，接受来自个体的或集体的，……即兴的或程序化的，……相似的或相同的经历表达，这又协调和持续强化了行动者们的经验。(Bourdieu，1977 [1972]：80)

“惯习”以这种方式，提供了“不同领域实践的统一原则”（Bourdieu，1977［1972］：83）。从共同经验中学到的东西沉积为未来的行动能力，而且根据布尔迪厄的观点（尽管多有争议），这不但导致高度的集体一致性，还导致高度的个体一致性。

在现代实践理论中，这些早期的开创性研究，似乎有一个关于实践作为实体的不成熟观念，组织个体及集体经验的功能被归于实践。实践赋予常识一种客观的共同世界的印象，因为实践使个体理解与集体理解相协调。然而，在后来的经验研究中，剖析实践并不是关注的焦点。吉登斯自己没有开展任何经验研究，他的追随者们沉迷于结构化理论，更愿意接受能动性、反身性及自我认同这些适合于“文化转向”的概念，而不是实践的概念。随着研究的进展，布尔迪厄往往把实践概念和惯习概念混为一谈。例如，在《区分：判断力的社会批判》（*Distinction：A Social Critique of the Judgement of Taste*，1984）一书中，实践概念几乎不用于分析，而正是惯习的概念和统一的阶层惯习概念，连同资本分配的概念，推进了法国社会品味的阶层划分研究。随后，“场域”成为核心的组织性概念，而实践作为有着自身逻辑或组织化原则的实体，却被归到在场域内将资本竞争结构化的“游戏”名下，尽管场域是基于实践被指定和命名的，且场域也是围绕实践形成的。这招致更多进一步的批评，说布尔迪厄未理解与实践相关的内在利益，因为竞争性场域的逻辑否定了构成场域的那些实践的完整性或自主性（Sayer，2005）。

从实践（*Praxis*）到实践（Practices）

沙茨基、诺尔·塞蒂纳和冯·萨维尼主编的《当代理论的实践转向》（*The Practice Turn in Contemporary Theory*，2001）是现代实践理论第二阶段来临的恰当标志。西奥多·沙茨基的著作是这个时期最深入和持久的社会实践研究。三卷本皇皇巨著（Schatzki，1996，2002，2009）阐述了实践理论的各个层面，将实践置于社会秩序与个人行为的中心。**实践**被认为是社会世界的基本实体，社会本身是“**实践的场域**”（Schatzki，Knorr Cetina and von Savigny，2001：2）。

实践作为一种分析单位

沙茨基的《社会实践》（*Social Practices*，1996）为易于理解的一般实践理论奠定了新的哲学基础。沙茨基将实践理论置于两种主流的社会本体论［即整体主义（holism）和个体主义］之中。正如沙茨基指出的，当代社会思想潮流，有时是以后现代主义的名义，有时是以对结构—行动问题的解答，有时则是从具体实践理论的角度，对社会的总体性概念和个体的统一性、完整性概念提出挑战。沙茨基试图吸纳某些当代社会思想的元素，来发展晚期的——用维特根斯坦式的风格说——实践理论；那些社会思想拒斥社会是被进化过程或支配性原理整合起来的功能性或有机的整体这种观念。但是，沙茨基同样认为，在对社会存在的本质加以概念化时，应避免陷入给予个人本体论首要地位的取向。个体主义的最初形式是功利主义，在20世纪被表述为下述理论：

> 博弈论、新古典经济学、个体主义方法论（如卡尔·波普尔）、符号互动论，以及常人方法学的诸多理论版本……所有这些理论将个体的行动、策略、心理状态及理性，个体间合作、谈判及达成的协定，支配人们行为的规则、规范及威胁，以及行为常常超出行动者控制范围的非预期后果，置于理论的首要位置。(Schatzki，1996：6)

在对社会世界的这种看法里，没有什么在个体、个体间关系或互动之外。但是，个体主义立场是有问题的，部分原因是仅根据个体及其行为很难理解制度的存在，也因为，正如后结构主义理论所认为的，个体本质上是由社会建构的，主体认同是不确定的和不稳定的。

沙茨基试图发展出这两种主要的社会本体论的共同选择的替代方案，即实践理论。在沙茨基的早期著作中，他将实践理论主要与布尔迪厄、吉登斯、利奥塔（Lyotard）、泰勒（Taylor）等人的理论相联系。这些研究者尽管在理论上存在分歧，但均同意“实践是理解被结构化和可理解性（intelligibility）被阐明的场所”（Schatzki，1996：12）这个观点。对沙茨基（1996：16）而言，社会的组织化或社会性，既不能仅以规范性约束为前提，也不能仅以理性的个体合作为前提，因为如果没有对象和行动的相互理解及可理解性，这些都是不可能的。沙茨基继续表明，“由于它们所承载的理解和可理解性，实践是组织和连接社会性与个体心智/活动两者的领域。换言之，社会秩序和个体性源于实践”

(1996：13)。

沙茨基坚持认为，实践是社会分析的基本单位。他提出有关实践的两个主要观念：实践是连接或组织各种要素的中枢（nexus）；实践是表演。第一个观念是：

> 实践是在时间上延展和在空间上分散的行为（doings）和言语（sayings）的中枢。这样的例子有烹饪实践、投票实践、工业实践、娱乐实践和矫正实践。说形成实践的行为和言语构成了一个中枢，就是说它们以某种方式连接（link）起来。连接（linkage）的三种主要途径是：(1) 通过对如言行的理解；(2) 通过明确的规则、原则、规范和指令；(3) 通过我所称的"目的—情感"（teleo-affective）结构，该结构包括目标、计划、任务、目的、信念、情感和情绪。(Schatzki，1996：89)

需要注意的是，实践包括行为和言语，这表明实践分析必须既关注实践活动，又关注实践的表征形式。而且，我们得到了一个有用的——尽管在根本上是限定性的——关于构成"中枢"的组成部分的描述，通过这种方式，行为和言语得以结合，也可以说是得以连接起来，以形成各种实践，如耕种或娱乐。在这三种途径中，"理解"意味着行动者明白什么样的行为和言语适合于既定的实践，并且当观察其他人时，会意识到她/他在进行特定的实践。这种相互可理解性的条件是人们共享实践感的基础。第二种途径是指与能力有关的明确规则，不过即使是高度合格的实践者也可能无法阐明这些规则，这意味着通常会涉及默会知识（tacit knowledge）。

第三种途径—— 目的—情感结构，一个相当烦琐的概念，是实践的目的性要素，即实践里的约定所指向的目的。对目的—情感结构的讨论，传递了一个社会学意义上的有用观念，即行动是目的性的，即使它没有根据明确选择的、预期的目标被明确表述出来。这一中枢观需要重新阐述才能让人更好地理解这些要素如何协调从而将实践和表演联系起来。

关于实践的第二个观念是，实践是表演，指的是实践的开展，即“在中枢的意义上，实现并维持实践”（Schatzki，1996：90）的行为和言语的实施。实践的再生产，需要某种程度上的付诸行动。表演是以实践为前提的。但正是在表演中，个体将这种实践向前推进，表达、确认、再生产及改变表演。有关连接个体行为与各种集体实践的循环往复的过程的各种说法，避开了结构与能动性的二元对立，这对于任何实践理论来说，都是常见的和重要的。由此，吉登斯意义上的实践观念被保留下来。

沙茨基在区分“分散性实践”及“整合性实践”这两个概念时，指出了实践概念宽泛的适用范围及其应用前景。“分散性实践”（1996：91-92）出现在社会生活的许多方面，如描述、遵守规则、解释和想象。这些表演首先需要理解。例如，“解释”需要理解如何实施适当的“解释”行为，即当自己或其他人在解释时，要有识别解释的能力，以及促进或回应解释的能力。[1]

---

[1] “X-ing”这种分散性实践，是一套行为和言语，它们主要并且通常仅由对“X-ing”的理解所连接。一般地，这种理解依次有三个组成部分：(1) 实施“X-ing”（如描述、命令、询问）行为的能力；(2) 在无论涉及自己还是他人的情况下，识别并对“X-ing”归类的能力；(3) 促进或回应“X-ing”的能力。(1996：91)

这是“知道如何”做某事的能力，它建立在对共同理解的把握上，以适当背景下的表演所涉及的共享的集体实践为前提，是可被辨认为“解释”的特定行为的基础。

“整合性实践”是“发现于且构成社会生活特定领域的更复杂的实践形式”(Schatzki, 1996: 98)。沙茨基认为，社会学家通常对整合性实践更感兴趣。他提供的例子有耕种实践、烹饪实践及商业实践。它们包含——有时是以专门的形式——分散性实践，后者是言语和行为的组成部分，那些言语和行为让人得以理解（比如烹饪实践）并有能力遵守支配该实践的种种规则，同时，多少默许了它的特定目的—情感结构。

整合性实践是具体的和实质性的，因为它不单单甚或不主要是由共同理解构成的。整合性实践必然是复杂的，因为每一种表演都至少要以其他几个方面的能力为前提。整合性实践也涉及专业技术和专用设备，这些特征有助于确定共享程序。但是，这种复杂性带来了一些问题，即究竟应该把什么识别出来，把什么分离出来，将其视为待研究的实践中的现象，尤其是它的边界可能在哪里。

上述问题的重要性可以通过“整合性实践可能包含些什么，不包含些什么?”这个问题来理解。沙茨基（1996）没有直接回答这个问题，但提出了许多可供思考的标准。第一，人们拥有和共享一些词语，指示着那种活动，让人可能辨认出它来。第二，在接触到作为同一文化的一部分的那种相同活动的人当中，表演是人们彼此可理解的。文化中的成员无须解释就能识别正在做的事情。第三，这种识别之所以出现，是因为实践（或表演?）是社会性的，它们表现出“与不确定的其他许多人的共存”（Schatzki，1996：105）。也就是说，遥远地点的未知行动者也在进行相似的表演。第四，表演可被理解为正确的、可接受的或新颖的（1996：101-102）。表演可以被判定为正确的或不正确的，这是实践内在规范性的重要特征。从经验意义上讲，表演是正常的，因为它被（“无限多的其他人”）定期重复，而从可接受性的角度来说，它又是“适当的”。第五，沙茨基还认为，表演“表达了组织该实践的要素”（1996：104）。这或许意味着，每一种表演都隐含地考虑到中枢三要素的结合，也可能意味着，整合性实践的某些形式的安排或结构外在于表演。最后，表演的一些基本属性并不只存在于个体的头脑中：“整合性实践的组织化，存在于‘在那里’的表演本身，而不是在行动者的头脑中。”（1996：105）这是实践的目的—情感结构的主要功能或特征。因此，实践不只是个体表演的行为和言语的总和。总之，整合性实践的这些特征表明，整合性实践因其“组织化”而具有某种完整性；它“自为地”（for itself）存在着。进一步的实例是那些有历史或演变过程的实践，并且重要的是，它们可以通过教和学，从一个人传递到另一个人，这样，初学者就可以在历史上生成的集体成就中分享理解、才能或能力。

当沙茨基说实践是“有组织的”（organized），这意味着什么呢？首先，实践的组织化是指，“行为和言语的中枢”的循环和再生，这个中枢包含了理解、规则和目的—情感结构，从合格表演中观察它们，可以看到它们拼合在一起。个体表演者将中枢三要素融为一体，印证了实践的组织化。但是，也许有某种超越特定表演的东西，即某种超个体的东西显露出来。也许，“行为和言语的中枢”可以被认为是一个实体，具有突生性质，存在集体性、制度化的安排以供其持续协调行动。沙茨基本人似乎最终不愿意视实践为一种超越其表演之和的本体论存在。在他后期的著作中，沙茨基对实践理论的解释，明显地转向个体主义或行动中心论那一端：“换言之，最可行的一种社会本体论就是最接近个体主义的那种。”（Schatzki，2003：188）这一点尚存在争议。

表演和实践

各种实践理论在赋予表演的集体生成、组织化和调控的过程以何等重要性（进而提供何许解释）上，存在意见分歧。它们都努力确保实践是可以相互理解的，这样人们就可能认识到，一系列的行动是一个实例，比如吃饭或做饭。几乎理所当然地，这需要对某一特定表演的正确性、适当性或可接受性进行判断。实践必须有标准。

承认实践的标准意味着有可能存在负责制定标准的行动者和竭尽全力劝导人们遵守标准的机构。表演的标准是将**实践**视为实体的关键。正如沙茨基在讨论目的—情感结构时所正确推断的，表演的标准是共享内容的关键部分。表演的标准不是做事情的动机或理由——假如辨认不出清晰的、各不相同的目标，那也不要紧——而是一个关键因素或起点，实践者可以据此衡量表演是否恰当。表演的标准既不是参与实践的理由，也不是行为的驱动力，但当行动者检查其习惯的有效性或意识到需要实施其他的程序时，表演的标准可能至关重要。不过，表演的标准是实践具有不可修复的规范性质的主要原因。

表演的标准大多是在对实践进行评论时（而不是在表演的过程中）被行动者间接地理解，但清晰地表达出来的。虽然实践理论强调做甚于想，实践（*praxis*）甚于理论，但忽视与大多数实践甚至所有整合性实践密切相关的大量积累的评论的影响力，可能是轻率的。当实践得到口头或书面的评论时，正常的、规范的表演标准不可避免地被忽略了（见 Rouse，2006）。人们经常做的事情很容易被转化为一种感觉，即这是应该发生的。只有根据对表演的了解，行动者才能获得对实践活动的理解，而且只有在判断表演已适当地完成之后，行动者才能认识到表演是一个**实践**的实例。行动者对**实践**的评论，留下的必然是对**实践**相关表演标准的认识；它赋予行动者以某种判断能力，即判断一项表演何时满足作为实践实例的最低有效标准的能力。

行动者如何识别和判断其他行动者（推而广之，他们自己）的表演是不是实践的一个实例并符合其标准，要解释这一点并不容易。复杂的实践之所以复杂，恰恰是因为其内部多样性。很少——如果有的话——只用一种方式来开展**实践**，或者只有唯一的表演方式可被接受。但断言实践是分析单位的任一实践理论，都会假定行动者具有这样的识别能力。一项表演必须有效地符合某种模板，以便它可以被确定为一个**实践**的实例。幸运的是，这种假设在对日常行为的观察中得到了完全的证实；人们用实践理论所确定的术语和概念来识别自己和其他人正在做什么，他们也用同样的术语觉察到机会。换句话讲，正是在这种意义上，存在着相互理解，人们“知道”他们在做什么。

如何制定表演标准，以及如何在实践者群体内传播这些标准，涉及实践是否应该被看作某种突生的实体这个有争议的问题。[1] 2000年以后，实践理论因其吸引力而广泛传播，在这一过程中，安德烈亚斯·雷克维茨两篇代表性的论文（Reckwitz, 2002a, 2002b）产生了较大的影响。雷克维茨认为，实践理论打破了过去几十年里文化理论的主导地位，为理论研究注入了新的活力。雷克维茨研究的价值在于，让实践理论与既有的、传统的文化转向视角建立起相对密切的联系。他批评文化转向理论只关注意义问题（2002b），而拒斥生活的物质层面（2002a），这为实践理论提供了独特的思路。当雷克维茨提出更高程度的系统化大概不无裨益时，他自己也远离了20世纪后期主流的实践理论。在借鉴沙茨基的实践理论的同时，雷克维茨重新阐述了实践的关键要素，出于社会学的目的，这表明需要对（实践的）其他对象进行经验研究。他还重新对实践（*praxis*）与**实践**（*Praktiken*）的概念进行了区分：

> 单数形式的实践（practice/*praxis*）只是一个用来描述全部人类行为的强调性术语（与“理论”和纯粹的思考相反）。但是，在社会实践理论的意义上，“**实践**”（Practices）则是另一回事。实践（practice/*Praktik*）是一种例行化的行为，由几个

[1] 一些研究者认为，实践除了个体表演者反思自己的表演（和他人的表演），没有别的东西。对实践和表演性（performativity）的哲学解释，以及带有强烈能动性观念的社会学诠释，都转向了此类观点。在社会科学关于个体主义方法论的争论中，这些问题有着悠久的历史，我在这里无法解决。

> 相互关联的要素组成：身体活动的形式、心智活动的形式、“事物”（things）及其使用，以及以理解、技能、情感状态和动机知识为形式的一种背景知识。（Reckwitz，2002b：249）

雷克维茨对实践（*Praktik*）与表演的区分，是需要特别强调的。（我通常会用首字母大写的“Practices”一词来指前者。）正如雷克维茨指出的：

> 实践代表了一种模式，可以由许多单一的，往往是独特的行动“填充”，进而再生产实践。单独的个体，作为身体上和心智上的能动者，充当了某一实践的“载体”（*Trager*），事实上也是未必彼此协调的许多实践的“载体”。因此，她（他）不仅是身体行为模式的载体，也是某种理解、技能及期望的常规方式的载体。理解、技能及期望这些常规化的“心智”活动，是个体参与的实践的必要要素与特质，而不是个体的特质。（2002b：249-250）

个人作为实践载体的观念暗示了将实践考虑为实体的可能性，这对分析实践的组织化和协调性有影响。

实践理论不必羞于明确地把握**实践**作为实体的观念。有所保留的主要原因是，担心集体性概念以毫无根据的方式，物化（reify）人际关系、联系及约定。[1] 尽管对**实践**的本体论和认识论地位给出一个令人信服的解释是充满挑战的，但**实践**作为实体的观念，

[1] 即使是布尔迪厄，尽管从经验上对界定**实践**概念的诸多要素感兴趣，也几乎不将实践当作一个一致的实体来处理，而是强调“实践”（*praxis*）的概念。

对于消费社会学及饮食社会学是有启发性的。有三个问题与此有关：如何在要素、安排等方面对**实践**进行表征？**实践**是如何得以确立、界定、再生产及组织的？**实践**又是如何影响表演的？

相当重要的是，注意不要将**实践**人格化。**实践**本身不能做任何事情；作为实体，**实践**本身不进行表演。但是，个体、人群及组织却表现出对适当的**实践**行为——既对自己的适当行为，也对其他参与者的适当行为——的严肃承诺。这些行动者不仅充当示范者和革新者，也是行为的守护者及执行者，他们认为自己有责任使行为符合实践，并以有序的、正式的方式参与其中。

这意味着，实践可能是一个"被协调起来"的实体。在这方面，它超越了沙茨基所描述的实践的组织化形式。沙茨基认为，实践是由理解、规则和目的—情感结构组成的"行为和言语的中枢"，仅可在合格表演中观察到它们的结合。[1] 协调可能是由利益各方有目的地促成的。**实践**存在的一个共同特征在于，协调是一个由集体确定的、充满内部竞争的过程。个体和组织所承担的责任是，制定表演标准和提供符合这些标准的方法。比如，整合性实践有时是由正式组织协调的。专业协会、相关体育管理机构、法定的国家监管机构，更不用说教育机构，都在协调中扮演着核心角色。这些机构于是试图规范各种表演，如制定规则、禁止或制止特殊行为、教授可接受的行为、奖励优秀者等。尽管不是所有的整合性实践都是这样形成或被引导的，但正式的、通常

[1] 还应该注意的是，区别于肖夫、潘萨尔和沃森（Shove，Pantzar and Watson，2012）有影响的实践理论解释，我以不同的方式使用了"协调"一词。

具有权威性的行动者们是安排和协调诸多实践的重要组成部分。正是“在那里”的那些因素，对于解释（一些）实践是如何协调为共享的、集体的做法（*modus operandi*）至关重要。

有时，与许多分散性实践一样，协调只不过是建立在共同理解的基础上的非正式的、未阐明的中枢。在整合性实践的其他例子里，我们发现，维系**实践**的人工制品、文本、组织及公共事件为**实践**提供了实质内容。调整或改善表演的方法之一是，基于公共传播的目的，尝试描述和记录如何进行表演、如何改善表演，以及如何获得良好的效果等等。我想到了规则手册、自学入门书、改善表演的指导说明书、指南这些东西。实践说明书是证明**实践**存在的有力证据。简单的行为既不可能被认为是实践，也不可能有专门的说明书。[1] 默会知识的形式化在读写文化中是一个持续的过程，并且在20世纪得到快速发展（如泰勒制、自助和指南、指导说明书、正规教育和职业训练）。[2] 因此，**实践**的法典化及形式化是正常的，甚至是例行的。由于教学机构、专业团体及志愿协会的运作是为了规定、指导及传递与之利益攸关的那些实践流程，因此它们具有编纂适当的程序或“良好实践”（good practice）的作用。但是，至关重要的是，这既不意味着实际的表

---

［1］ **实践**超出其所包含的个体行为和言语的总和这个观念，表明了实践复杂性的标准。埃利亚斯（Elias，1969［1939］）因在描述近代早期欧洲的文明进程和优雅举止时，指出“打嗝”和“挠痒”的历史—文化意义，而享誉于世。然而，尽管这些活动在更广泛的文明礼仪问题上具有重要意义，但没有人认为这些现象值得描述或具有深入研究的价值。我们可以得出结论，一些活动过于简单，不能被认为是**实践**。

［2］ 请注意烹饪学习的历史：以前个人学做饭，主要是通过看母亲的做饭过程，现在则被商业学徒制、家政训练（各种级别）、高级烹饪学校和夜校、餐饮学院和电视烹饪讲座所补充或替代。

演在这些建议下会变得完全一样，也不意味着它们会符合正确的标准。尽管表演对实践的再生产和发展是必需的，但它们并不是每次都以相同的方式进行。表演显示出个体的差异性，也许还有创新性，而且，由于表演依赖背景，它们常常会根据特定的情境进行调整。表演最好被视为在或多或少准确或模糊的范围内持续的即兴施为，这个范围让人得以确认每个表演表现出充分的相似性，从而可被识别为特定**实践**的一个例子。因此，实践的法典化对实际表演的影响相对间接或不明显，而且，人们在决策过程或计划行动的过程中，应该仅在极少数例外情况下才会参考说明书。不过，“在那里”（out-thereness）的**实践**成分，本身就很重要。实践的发展态势是社会进程的证明，在这个过程中，特征不明显的实践活动被构建和发展为整合性**实践**。

应　用

自新千年伊始研究者宣称实践转向以来，实践的概念已流传甚广。不同学科及分支学科的学者们发现、识别并试图促进实践理论工具的应用。实践理论已经作为一种“新范式”或透镜呈现在诸如媒体研究（Couldry，2004）、管理学习（management learning）和组织行为学（Gherardi，2009；Nicolini，2012）、语言学（Pennycook，2010）、经济地理学（Jones and Murphy，2011）、规划学（Binder，2012）和消费研究（Warde，2005）中。这些学科的贡献有时采取实践理论进路宣言的形式，尽管多数学科只不过重述了早期实践理论提出的那些概念而已。雷克维茨令人满意的、简洁的理论阐述被广为引用，尤其是被那些深度参与——不论是支持还是反对——文化转向的研究者所引用。语言学转向中涌现出的其他研究者，更愿意从科学和技术研究中确定概念（如Gherardi，2009）。但其他的实践研究，则得益于莱夫和温格较有影响的著作（Lave，1988；Lave and Wenger，1991；Wenger，1998），他们提出了“实践共同体”（communities of practice）的概念。“实践共同体”被认为是与商业组织有特别关联的、成功的社会和集体学习的结果，该概念已被广泛传播和重新运用。

波斯蒂尔（Postill，2010）在论文集《媒体和实践的理论化》（*Theorising Media and Practice*）中，确定了当代实践理论发展的第三个阶段，即实践理论对专门经验研究的启发。实践理论发展的前两个阶段所产生的主题，被用来描述、阐释及解释特定实质性领域的社会过程和行为问题。这一过程不仅可以在组织研究、管理学习、社会语言学、媒体研究、经济地理学和消费社会学这些领域中观察到，在可持续消费（Shove，Pantzar and Watson，2012；Shove and Spurling，2013）、市场营销（Schau，Muniz and Arnould，2009）和性别研究（Poggio，2006）中也能看到。相关的一些研究诸如食物制备（Halkier，2009）、食物浪费（Evans，2014）、厨房设备（Truninger，2011）和时间惯例（Cheng et al.，2007）等领域，将食物消费作为分析对象。

尽管实践理论已经开始被用于研究与食物有关的活动，但它还没有被明确用来理解“吃”。在日常语言中，“吃”这个词有多重含义，既指生理过程，也指日常生活中的文化现象。饮食研究通常更少关注生理过程，如食物的摄取、咀嚼、吞咽及消化，而对食物的社会、经济及政治特征表现出相当大的兴趣。因此，将实践作为分析单位的方法，其任务之一是，简明扼要地说明复杂的饮食活动所包含的相关要素。我将在第 4 章详细探讨“吃”作为科学对象的可能性。

毫无疑问，随着实践理论更广泛地应用于经验研究，也出现了一些应用上的困难。第一个困难涉及具体说明表演和**实践**的连接。第二个困难围绕如何在不同的**实践**之间划定界限，以及如何描述它们的关系。

第一，很难完全弄清楚，表演是**如何**利用“*Practiken*”这样一些构成了整合性实践的协调实体的。在我看来，任何实践都有与表演有关的集体化外在形式。在缺乏传递工具的情况下，大概很难弄清楚人们如何谈论或解释共享实践。这种媒介可能不过是关于应该如何举行或为什么举行仪式的集体记忆。它经常会是对适当行为的一种非正式的共识，这在参与持续的面对面互动的人群那里很典型。这些都是被沙茨基称为目的—情感结构的“在那里”的基础，它们意味着可接受的表演应达到的标准。然而，在其他情况下，这些媒介可能采取了学究气的形式，以书籍、指导说明书等方式来传达。[1] 它们是些建构物，通常源于对日常表演的观察、抽象或推论，然后被用一种系统的方式进行重构，从某个特定的视角出发，进而有助于规范表演和推荐最佳实践。一个

[1] 这些都是其他实践（如文化中介的实践）的产物，它们显示了布尔迪厄认为的经院哲学的一些特性。

例子是食谱书，它不仅向公众明确介绍烹饪技巧，而且间接地向公众推荐吃什么，从而对烹饪表演进行编纂。

第二，强形式的实践理论主张，实践是所有解释的基本单位。这需要就如何确定实践的边界达成共识。有时候这不成问题。几乎任何重要的、相对自给的（self-contained）活动都可被视为一种实践来进行分析。到目前为止，许多经验性的个案研究已将相对自主的整合性**实践**作为分析的对象。烹饪似乎是一个明显的例子。无论一个人用什么方式学习烹饪，在烹饪书籍认可的、备餐时付诸行动的那些说法上，理解、程序及标准都是相互可识别的。烹饪是一种自主的实践，经过编纂，有共同的标准和规则，明显不同于购物、摆餐具或吃饭。做饭是一项复杂多样的技能，却被学者及普通人理解成把食物变为最终消费品的一套工具性程序。如同其他实践，烹饪与其他实践是相互依赖的。高于和低于食物链的那些实践，决定了哪些食物可供烹调，以及什么样的食物搭配会受到用餐者的欢迎。任何实践都不是孤立运作的。但是，一些实践远不如另一些实践自给性强，这引出了需要分析的问题。

可以说，"吃"的状况更加复杂，问题也更大，这是因为有助于表演的那些要素本身不是以单一的、自给的整合性**实践**的形式被客观化的。表演与一种建构的或逐渐形成的**实践**之间，不是一一对应的关系；没有与烹饪书相当的东西，也没有一本书的标题是"教你自己吃饭"。在这方面，"吃"好像是不寻常的，尽管不是独一无二的，因为表演的要素没有明确地构成单一的、不相干的、可识别的、自主的整合性**实践**的内容。关于精彩表演的程序的说明或对其标准的阐述，多数源于其他**实践**。饮食表演包含在许多正式的**实践**中。关于如何吃和吃什么的建议与推荐，源于营养科学、烹饪法、饮食礼仪、食品工业及文化产业的系统阐述。这些领域有不同的专业人员、业余爱好者和商业组织在运作，每个组织都有自己的实践逻辑、程序及标准。通常情况下，它们会提出相互不一致的建议。它们利用不同的价值约定。它们为权威性而彼此竞争。因此，确定“吃”的边界，从而解释它与其他实践的关系是困难的。如果“吃”不是一个有明确边界的、自给的、自主的实践，而是有可渗透的边界并与其他实践有所重叠，那就需要运用一些方法来明确指出它与其他**实践**的关系，以及它对这些**实践**的依赖程度。我将论证这些相近的、互补的，但同时具干扰性的、影响日常行为的整合性**实践**的存在，这就需要另外一个概念，即混合实践，以恰当地描述“吃”。

结　论

社会学版的实践理论以沙茨基和雷克维茨阐发得最为清晰，它们的一个基本洞见是，想要从社会系统导出个体行为或者从个体行为导出社会系统的那些社会解释注定会失败。整体主义或个体主义都不能令人满意。可替代的选择是，寻找在个体层次和社会层次产生观测效果的实体或机制。各种实践理论的出发点是假设实践发挥了这种作用；实践是社会存在的基本单位，因此也是社会分析的核心概念。实践先于个体；实践意味着标准，由此决定了个体间相互可理解的、可接受的行为的基本范围。这是借助**实践**和表演的相互建构（co-constitutive）关系而实现的。[1] 那么，个体就是在各种**实践**中积累他们的表演（可能是他们预期的表演）的生物（Warde，2005），这不仅为个性化提供了相当大的潜力，也为每个人的经验的一致性或碎片化的变化程度提供了可能性。

社会制度是人类活动多样化表演的必然结果，为了使这些活动能够被与之相关的人所理解，社会制度将**实践**的原则或逻辑客观化，从而为表演提供了依据。如果没有对**实践**的原则或逻辑的某种认识，那么观察者就无法认识到表演是**实践**特有的表现形式。**实践**有制度化的形式，并不是虚构的物化形式。制度化的形式包括组织化、约束性指令（法律、契约）和调节性干预，以及发挥不可化约为个体行为的能动性的习俗和仪式。但是，实践的作用并不在于让个体在评估自身处境时参考这些实践原则或规则。实践理论恰恰反对这种观点。个体通常不会有意识地去考虑外部力量的影响而形成他们的表演。相反，他们的表演是在一个潜在的网络中错综复杂地进行的，这个网络有助于通过与环境中其他实体的相互联系为人们提供适当的行为方式。这样，实践理论提供了另一种选择，以替代惠特福德所称的“行动的组

[1] 可以认为，这如同“聚集”之于德兰达（Delanda，2006），“惯习”之于布尔迪厄，“地方群体”之于加里·法恩（Fine，2010），“互动仪式链”之于兰德尔·柯林斯（Collins，2004），以及“话语”之于福柯主义者。

合模型”（the portfolio model of action）[1]（Whitford，2002）。实践的“外衣”不是行动者推测什么是合适的、计算风险等的背景考虑。后面的三章（第5章到第7章）尝试更详细地去分析**实践**与表演之间的循环往复的关系，以及习得、协调、实施及再生产实践和表演的方式。

[1]“行动者的组合模型”（portfolio model of the actor），是海因兹（Hindess）创造的一个术语，惠特福德将其界定发展为“个体在不同的背景下，具有一套相对稳定的和预先存在的信念和愿望”（Whitford，2002：325）。在这种情况下，他们从这个组合中选择“那些似乎相关的要素，并在行动的过程中利用它们进行决策”。

4

“吃”的基本形式

将“吃”构建为科学的对象

如果从理论上讲，实践是科学分析的基本单位，那么研究的第一步就是，确定“吃”属于哪种实践类型。应该如何界定“吃”的概念，划定它的范围，使其成为可供研究的对象？在之前的研究中，“吃”一直被当作一个主题，而不是分析性的概念。“吃”是众所周知的非专业术语，它的特征被认为是既定的。“吃”这个动词，在字典里的基本定义是“通过嘴把食物送进身体”（Chambers，1972）。[1] 所有的社会科学进路都认为，将被认定为“食物”的物质“送进身体”是“吃”的两个基本特征。另外，阐释性社会科学注意到，这两个过程通常发生在一定的社会和文化背景下。它

---

[1]《牛津英语词典》（*OED*，1989）区别了“吃”的两个主要含义：“消耗食物，以获取营养”和“通过吞食而破坏”。第一种含义被详细表述为“把食物一块一块地送进嘴里，咀嚼、吞咽；食用食物”。“吃”被用作不及物动词时，《牛津英语词典》将其定义为“食用食物，用餐”。在社会科学研究中，“食物”和“用餐”（meal）两个词紧密联系，既提供丰富的历史信息，又是需要准确分析的一个问题。“吃”的第二种含义包括消耗、腐蚀及品尝。

们坚持认为，这两个过程的社会基础和社会影响对理解“吃”必不可少。因此，基本定义对社会学的解释来说是不够的，还需要一些概念来把握对这种活动的更复杂理解。食物生产的政治经济学研究，已成功地提出把商品链和食物体系的概念作为食物研究的组织性原则，相较而言，饮食社会学缺乏一个令人满意的、居于核心的研究对象，以指导研究。

科学对象的观念源于社会科学哲学的一种传统，该传统认为科学的基础在于其概念表述方式。它发现，简单的对应模型不能令人满意，这一模型认为概念直接指涉世界中的实际对象。它也拒绝社会建构主义，后者认为，概念仅是概念系统的组成部分，这个系统在与概念所指涉的世界之性质的关系上，说到底是任意的（假如学术共同体是以另外的方式发展起来的，宣扬不同的观念，那些概念完全可能是另外的面目）。相反，科学概念被看作日常用语的提炼，这些用语经过改造、打磨及完善，以回答对具体的科学分析有价值的某一问题。用此方式，可以重新概念化那些非专业的实际问题，从而使这些问题更易处理和理解。这需要并置旧概念和新概念、非专业概念和科学概念，以便用一种内部一致的方式，参照外部经验世界的具体特性重新界定这些概念，外部经验世界在一定程度上限定了可能提出的科学命题。

各个学科以不同的方式提出自己的科学对象。如果“吃”的确是“通过嘴把食物送进身体”，那么不同研究将突出饮食的不同特征。生物学家可能会关注食材的化学特性如何在消化道中发生改变；经济学家会问，人们以什么价格购买什么食物；营养学家会寻求食物的最佳搭配，以增进日常饮食健康；而农学家可能会专注于分离出可被引入食材的那些化合物。因此，不同的研究问题需要不同的科学对象和专业解释。

社会学家经常讨论的问题是，什么算食物，以及“通过嘴把食物送进身体”的程序所规定的礼仪。关于第一个问题，社会学家主要关注下述基本洞识所蕴含的意义：不是所有可食用的东西都是被接受的，食物具有不同的符号价值。关于第二个问题，在齐美尔和埃利亚斯的理论传统下，社会学家研究了用餐礼仪及行为举止（bodily comportment）。然而，社会学对饮食问题的主要而独特的关注点是基本定义之外的一个维度，即进行饮食活动所需的社会依赖、人际关系及社会互动。这些往往是借助用餐的概念进行的，但这是否为最佳方式，仍存在争议。

因此，本章旨在探讨饮食活动的基本构成要素，以扼要地分析饮食活动中的表演。本章的目标是，提出一些一致的相关概念，以把握饮食活动的烹饪、身体（corporeal）和社会维度。根据各个维度的要素及它们的相互关系，饮食表演得以被描述。我的主要观点是，饮食表演的多样化和能力，取决于在实际和象征层面上整合食物、身体吸纳及社会背景的组合方式。这些共同的核心概念可以超越理论分歧而被共享，因为它们体现了饮食的基本性质。此后，各种理论对于行为模式如何出现及为什么出现，提供了不同的解释。随后的章节试图描述实践理论中产生的独特主张。这里，我先回顾一些社会学家和人类学家的研究，他们对把“吃”作为消费过程的分析做出了重要的理论贡献。

关于“吃”的一些社会学进路

对于当代实践理论的推动者来说，“吃”不是重要的中心主题。然而，萨林斯和布尔迪厄在进行理论论争时，都将食物和“吃”作为例子。萨林斯（Sahlins，1976）这位人类学家，在对实践的兴趣方兴未艾的时期著书立说，参与了当时马克思主义者关于生产的首要地位的辩论。萨林斯主要关注物质生产与象征交流（symbolic communication）的关系。他关于食物的作品大多致力于论证经济生产过程总是受到文化的影响。他通过研究不同食物的符号属性，描述各个社会食用动物的不同禁忌，以此来说明上述观点。他认为，所有社会都对可食用的东西按等级进行了划分。界定什么是可食用的，在文化上是可变的，在某些方面是主观的，这是一个兼具营养性和审美的问题。在当代西方，食物等级按牛、猪、马、狗依次排列。萨林斯认为，吃牛肉比吃狗肉更容易被接受，这种排序取决于这些动物与人类的亲密程度。他也提到，“肉”和“内脏”具有不同地位，而在与1973年石油价格危机有关的美国经济衰退时期，政府建议穷人吃动物内脏，结果引起社会动荡。萨林斯很好地抓住了食物在引起厌恶方面的潜力。正常的饮食行为不能仅根据食物的使用价值或功能来解释，因为食物通常有象征功能——文化是一种符号系统——这不能根据物质需求进行解释。从消除饥饿或改善人类生存状况的角度看，没有理由表现出对牛排的喜爱甚于牛肾和牛舌。这意味着，对食物的分析更多的是在符号分类系统中进行的，而与身体再生产和味觉这些实际问题无关。

布尔迪厄关于食物和饮食的论述少得令人吃惊。他仅在两本重要著作——《实践理论大纲》(1977［1972］)和《区分：判断力的社会批判》(1984［1979］)中，详细地讨论了食物主题。[1]《实践理论大纲》是20世纪50年代末阿尔及利亚战争期间，对卡比利亚地区进行的民族志研究。其所做的阐释大体上依据一个传统农村社会的日常实践与它们得以理解和正当化的那些信念和符号表征之间的关系。布尔迪厄在分析中认为，结构化的同源性（homologies）或相似性（parallels）存在于一系列符号分类中，这些符号分类赋予每天、每年和终身的时距安排以意义。尽管布尔迪厄在《实践理论大纲》中介绍并认真阐述了其实践理论的关键概念，但他使用典型的结构主义人类学方法来分析食物的符号意义。烹饪技术在卡比尔人的象征世界中发挥着重要作用。在不同的仪式环境中，在一年的不同时间里，不同的食物出现了，或者相同的食物被以不同的方式进行烹饪。布尔迪厄根据人类生活的关键时刻——如生育、结婚和耕种、死亡和复活——的模仿性呈现，阐释了习惯性实践的意义。至关重要的是，不同的食物或烹饪方式可以被解读为卡比尔人的基本生活类型，以及理解其自然、社会世界的实用方法的指标。布尔迪厄由此对卡比尔人的文化范畴进行了详细的、深刻的解读，强化和说明了人类学家通常提出的关于食物的制备和消费如何符号化社会过程和社会关系的许多观点。

［1］ 对于与布尔迪厄合作的学生和研究者而言，食物也不是他们关注的焦点。

在布尔迪厄关于食物和饮食的另一项重要研究中，他详细阐述了与现代法国有关的类似的基本见解。《区分》描述的是一种社会炼金术（social alchemy），它是指有权势的人成功地、反复地建立起一种认知，即他们所喜欢的东西在客观上是最好的（也就是说，在审美上是最有价值的），然后，他们因其好品味而获得别人的关注或尊重。在这种好品味的基础上，他们获得了其他形式的回报和特权。他们将这种对好品味的赞誉及承认，即他们的“文化资本”，兑换成其他类型的资源或“资本”，如经济资本（金钱、工作）、社会资本（与能提供好处或支持的其他人的关系，如婚姻）或象征资本（赞誉、高的社会地位和声望）。因此，对布尔迪厄而言，拥有好品味是社会斗争的一种武器。品味是通过对特定事项和活动的美学特征进行判断而形成的。许多判断是默会的，记录在人们的财产、学习经历、行为举止和积累的文化能力中，并通过这些表现出来。

布尔迪厄将饮食习惯作为这些过程的一个主要例子，通过识别阶层差异来表明食物偏好是被编码的，以传递关于社会价值的信息。用餐内容上的差异，也与体形和运动密切相关。品味在身体上得到表达；布尔迪厄（Bourdieu，1984［1979］：190）认为，品味是“一种转化为天性的阶层文化，是具身性的”，而且“身体是阶层品味最无可置疑的物质化”，他用不同阶层男性的照片和对不同阶层的审美标准的讨论来支持这一观点。此外，它至少是与道德和美感同样重要的判断领域，因为“身体的合理使用，会自然而然地被认为是品行正直的标志”（1984［1979］：193）——今天的西方社会对越来越多的肥胖者的反应，有力地印证了该观点。

如果说不同阶层消费的产品存在明显的差别，那么人们组织饮食的方式（对待食物、摆放食物、呈现食物和提供食物的方式）则体现出更大的差别（Bourdieu，1984［1979］：193）。布尔迪厄比较了工人阶级和资产阶级的用餐特征。工人阶级的用餐特征包括表面上的丰盛，喜欢用大汤勺盛菜以避免过分的度量和精确的分配，男性和女性吃不同分量的食物，成年男性可添饭，把所有食物全部摆在餐桌上以节省体力，及使用相同的盘子盛装每道菜，所有这些特征都象征着饮食中的随意、自由和轻松的关系。相比之下，资产阶级家庭"注重按照应有的形式吃饭"（1984［1979］：196）。这些形式包括克制，遵守各道菜的特定顺序，吃合适的量，以及培养餐桌礼仪。与工人阶级相比，布尔迪厄看到了延迟与即刻、麻烦与容易、形式与实质的对立。资产阶级的形式"是一种秩序、克制和礼节的惯习表达"（1984［1979］：196）。[1]

对布尔迪厄而言，"惯习"是一个核心概念，指的是社会地位相同的个人具有的根深蒂固的态度、经验及秉性（predispositions）。在惯习的生成图式（generative schema）范围内行动，导致个体的行为方式是近乎自动的、不假思索的，好像是第二天性。《区分》更多地关注了阶级惯习的特征，尽管该书也认为，倾向是因性别

［1］ 这种对法国资产阶级的描述可能不再适用于21世纪。资产阶级饮食礼仪已经瓦解和衰退，但并非没有一些饮食礼仪的要素扩散和传播给其他的社会阶层；似乎没有可以替代的主导模式。关于饮食失范和饮食的非正式化议题的争论，证明了研究者对偏离19世纪后期法国资产阶级饮食规范的敏感度。（见 Kaufmann，2010）

而变的。食物仅仅是通过品味确认社会地位的领域之一，《区分》继续表明，饮食领域的阶层分化在所有的其他领域都能找到相似性（或“同源性”）。因此，布尔迪厄没有关注作为一种实践的“吃”本身，而是将食物用途及食物的符号编码，作为日常生活和日常社会分化的例证。他不容置疑地指出，在现代社会，吃什么、怎样吃和怎么制备餐食，都是表达社会地位差别的一种方式。但是，该观点没有被用来发展或阐明实践的理论，而更多的是作为对文化社会学和社会分层研究的一种贡献。因此，布尔迪厄和萨林斯都没有为饮食分析提供系统的概念工具，没有明确或有意地探究饮食领域中实践理论的潜力。

在社会学范围内，关于饮食分析的更直接、更普遍的组织原则的两种建议已经被提出。第一个原则，最初来自列维-斯特劳斯的著作，是**味素**（*gustemes*）原则。伊尔莫宁（Ilmonen，2011：ch. 7）将“**味素**原则”界定为“影响食物选择的类规则式原则，尽管这些原则不是在任何情况下都被严格遵守”。最明显的例子是，**日常的**食物与**节庆的**食物之区别，以及**早餐、午餐**与**晚餐**的区别（Douglas，1984：15；Goode，Theophano and Curtis，1984：211）。在一定程度上，伊尔莫宁有效利用了**味素**的概念，力图确定“文化参照框架”的本质。在他看来，**味素**是食物选择的原因。对此的一种反应可能会是：“我们怎么知道哪些是最重要的**味素**，以及我们怎么知道是否出现了新的、同样重要的**味素**？”可以认为，比如在21世纪，场所也是相当重要的。而且，文化参照框架随时间推移而改变。该提法的另一个缺陷在于，它完全聚焦于饮食可能性地图的心智建构。列维-斯特劳斯以说出“食物适合拿来思考”

而闻名，但食物或许同样适合拿来吃。此外，需要重点分析与食物摄取有关的物质和身体过程。[1]

理解饮食的身体层面的问题是另一种要求，而替代性的组织原则——用餐并不能提供答案。社会学研究通常认为，饮食场合的社会组织至关重要。社会学理论传统的代表人物齐美尔、埃利亚斯和道格拉斯，均强调组织聚餐的根本作用和正式特征。这也让用餐成为饮食社会学最重要的主题（Wood，1994）。这也极大加深了我们对饮食社会作用的理解，并将用餐分解为多个部分——时间安排、形式、内容及社会组织，由此产生了许多重要的见解。用餐让我们意识到社会情境和社会关系的重要性，它们结构化了目前仍是最主要的饮食场合的制度形式。但是，关于“吃”可以说的东西比大多数关于用餐的社会学解释所考虑的要多。这些研究不仅完全忽略了食物摄取的营养及生理层面，而且几乎不考虑“吃”与食料来源、制备餐食或主体间的口味正当化等的关系。

萨林斯、布尔迪厄、伊尔莫宁和道格拉斯探讨了饮食过程的不同维度。萨林斯关注的是，文化如何确定什么会被作为食物。布尔迪厄更感兴趣的是，不同人群如何获得中意的食物，同时关注人们怎样通过嘴把食物送进身体。伊尔莫宁和道格拉斯专注社交场合在决定食物选择方面的作用。综合考虑，四人对饮食的解释，在某种程度上描绘出一般饮食理论需要解释的内容。他们确

[1] 第三个反对理由可能是，假定“文化参照框架”并不能对其如何实际影响实质性的表演（或行动）给出足够有说服力的解释。

定了饮食活动的不同维度，并指出了这些维度之间的关系。所有这些解释有利于建立一个一般性或综合性的理论，在我看来，需要发展一套概念，以体现被消耗的食物、身体吸纳过程及社交场合（occasion）三者间的相互关系。这些构成了任何关于饮食的一般性理论研究的三个维度。因此，我将选择性回顾用来构建这三个维度的那些概念，以形成一套连贯的概念来解释人们如何吃。在这样做的时候，我念念不忘的是，对于实践理论来说，这是一个揭示表演的基本要素的问题。

基本概念

任何关于饮食的一般性社会学理论，都需要解释被消耗的食物、身体吸纳过程（processes）及社会安排（arrangements）三者的关系。这三者是社会学解释饮食表演必须考虑的基本要素。我要回顾一些可用来描述饮食的有用的辅助概念，并考虑它们的含义及优缺点。用这种方式“打磨”这些概念的主要目的是，更好地描述、理解和解释令人感兴趣的饮食现象。本节的目标是，尽可能清晰、流畅、准确和不含糊地讨论“吃”这一过程。

一套概念优于另一套概念最终体现在，它能提供更好的、更广泛的描述和解释能力。但是，在最初建构概念和形成概念框架时，我们只可能通过说明这些范畴可以准确地揭示“吃”的某些特征，来证明一些“原始”数据能够适用于它们。为此，我利用了自己参与的一些经验研究中的材料。因此，可能例子主要来自对英国的饮食研究，但所探讨的大多数饮食过程和机制，都没有局限在如此狭窄的地理区域里。在本章，一项关于英国文化消费的研究，即文化资本和社会排斥（Cultural Capital and Social Exclusion，CCSE）项目，恰好提供了证据。[1]

事件（Events）和场合（Occasions）

阐释性社会科学特别关注并擅长研究“吃”——尤其是聚餐——的许多社会功能和意义。人类学仔细研究了共餐规则的文化差异，以及用餐安排的仪式特征和它们在食物分配差别中的作用。社会学也借助用餐概念来引入“吃”的社会要素，尤其集中关注用餐模式和家庭用餐。

社会学家为用餐主题所吸引，部分是由于对用餐时间的惯例性、规律性和集体性遵守。用餐模式是集体行为一个非常有说服力的例子。时间使用研究的证据揭示了用餐顺序及时间安排的全民模式（Saint Pol，2006；Kjaernes，2001；Southerton，Díaz-Méndez and Warde，2012）。从另一个角度看，用餐也是日常生活中一连

---

[1] 这里的数据由英国经济与社会研究委员会“文化资本和社会排斥：批判性的研究”课题研究团队提供（项目编号 No. R000239801）。研究团队成员包括托尼·本内特（Tony Bennett）（主要申请人）、迈克·萨维奇（Mike Savage）、伊丽莎白·席尔瓦（Elizabeth Silva）、艾伦·沃德（联合申请人）、戴维·赖特（David Wright）和莫德斯托·加约-卡尔（Modesto Gayo-Cal）（博士后）。关于该研究的主要成果，参见本内特等人的著作（Bennett et al.，2009）。

这些数据是从 2003—2004 年的焦点小组获得的，该研究在英国进行随机抽样调查，然后对挑选的受访者及其配偶开展后续的半结构式访谈。我主要引用了访谈第三部分的信息，这部分内容要求人们描述前一天（多数是工作日）的“主餐”。24 个家庭提供了 46 次用餐的证据：有些家庭报告主餐不止一顿，有时是因为前一天没有和配偶一起吃饭，有时也由于之前的一顿饭被说成是例行公事的典型，最常见的是因为不同的家庭成员吃不同的菜肴。基于此，可以理解当代英国人在家吃饭的一些经历。部分受访者也被问到外出用餐的一些问题。

串有意义、有规律的停顿的场合（Zerubavel，1981）。社会惯例围绕着工作、娱乐和休息等日常实践的规律顺序，赋予了饮食在日常安排中的特定位置。

家庭用餐研究之所以重要，一方面是因为其关注亲密关系及纽带（bonding），另一方面是因为其关注权力和剥削。家庭用餐研究也提供了食物内容与社会环境的匹配模式。严格意义上的家庭用餐，是根据合适的餐食提供者、共餐人、用餐背景及精心准备的主菜内容这几个要素的并存来界定的（Charles and Kerr，1988；Murcott，1983）。这种家庭用餐模式让社会学家“抢占”了一种被普遍确认的危机倾向，即用餐的去结构化。在法国社会，有时这被认为威胁到共餐制度；在英国社会，这有时被认为是道德的衰退。在经验趋势方面，家庭用餐模式备受争议。但是，将这种用餐模式作为饮食场合的一般模板，在分析上起了反作用。吃快餐、独自吃饭、在外吃饭、非正式就餐，这些用餐形式表明只聚焦于家庭用餐过于具体而狭窄。而且，“用餐”是一个难以明确的概念，因为它有内容和场合的双重指涉：既涉及摄取的食物，也涉及对用餐地点、时间和共餐人等的社会安排。“用餐”这一概念常常把食物内容和社交场合混在一起。

尽管用餐主题很好地引起了人们对“吃”的社会层面的关注，但从分析的角度出发，用餐可以分解为一些更基本的要素。用餐研究的一个进展是，将用餐看作饮食事件的唯一类型。现在并不是在所有场合下吃饭都可以被称为“用餐”。玛丽·道格拉斯认识到了这一点，她认为应该用“**饮食事件**”而不是“用餐”作为通用的分析单位（Douglas，1972；Douglas and Nicod，1974）。在她看来，“用餐”具有社会结构化形式，应该与非结构化的活动区分开（Douglas and Nicod，1974）。[1] 这使她随后单独考虑产生了社会和象征效应的食物组合方式的结构特征。的确，似乎最好不要把其他的食物摄取情境假定为家庭用餐的退化或有缺陷的形式，相反，应该看到不同类型的饮食经历的特殊性。当受访者被问到他们每天吃什么而不曾被预设遵守传统的饮食顺序时，“事件”的概念被作为一种方法论程序而不是理论命题被有效地使用（见Kjaernes，2001）。然而，用餐研究的这种转变对用餐的社会学分析提出了挑战，主要是因为社会学未做好充分的准备去分析事件。社会学缺乏关于“场合”的理论话语，就如德兰达（Delanda，2006）对“独特细节”（unique particulars）的探讨所揭示的。但是“吃”是情节性的，它是一系列有边界的事件或场合中的表演，这些事件或场合之所以有意义，部分是由于它们有时空坐标（time-space coordinates）。

规律性的一个主要来源是借助将地点和时间统一起来的分类图式，而形成事件的框架。饮食事件可以根据其时空特征及时间安排、地点进行界定，例如：

- 午餐——在外（out）
- 早午餐——咖啡馆
- 周一晚餐（dinner）——家（home）

[1] 挑战在于将不规则的、仓促的、偶然的、依实际情况而变的饮食事件，视为整个系统的一部分——而不是假设，例如，小吃这种食物没有任何时空模式（Yates and Warde，即将出版）。

- 小吃——街上
- 圣诞晚宴（dinner）——家庭住所（family home）

从饮食的时间安排及地点的交叉中，可能会衍生出各种类型的饮食场合（因为这些类型是易于识别的社交场合的基本形式）。

第一，饮食的时间安排通常是以事件的名义来进行符号化和讨论的。比如，在英国，关于“餐食”（meals）的词语有很多：早餐、第二份早餐（second breakfast）、上午茶（elevenses）、正餐（dinner）、午餐（lunch）、下午茶（afternoon tea）、傍晚茶（high tea）、晚饭（evening meal）、正式晚宴（formal dinner）、（略简单的）晚饭（supper）、消夜（midnight feast）。英国工业社会的阶级制度，决定了工人阶级在中午12点左右吃“正餐”，下班后，通常是下午5点到6点吃“茶点”（tea）。正餐是主餐；茶点尽管是辅餐，但通常也有热食。相较之下，中产阶级在中午12点左右吃午餐，晚上6点之后，才吃更丰盛的家庭晚餐（dinner）。所以，无论是指代餐食的术语（识别适当用餐场合的范围），还是日常饮食的实际安排，都是多样化的。不同的群体使用不同的词语，这些词语表达了不同的饮食节奏、顺序及形式，而不是显示具体的食物内容。就这样，各要素被精心安排进结构化的饮食制度（regimes）。因此，虽然人们认为饮食场合是饮食制度的组成部分，但它们的类型和形式却有不同的组合方式。

另外，饮食的顺序也至关重要。一个人不可能在吃完正餐之后吃早餐，也不可能在吃开胃菜之前吃甜点。尽管不同的国家和历史时期所规定的每餐的确切时间有所不同，但“吃”的顺序

（和两餐的时间间隔）是相当严格的。相关的时间安排不仅存在于每天的活动中，而且延伸至每周、每年甚至终身的活动中，如圣诞晚宴、结婚早餐、葬礼守灵餐等。这一顺序叠加在日历或时钟时间上的严格程度是变化的。在罗滕贝格（Rotenberg，1981）广受赞誉的论文中，他描述了19世纪后期维也纳典型的每日五餐模式，体现了社会约束的规范性力量和饮食事件共享的顺序。但是，饮食制度随季节和地域而改变，比如，近代早期欧洲的农民在夏季每天吃三餐，但在冬季每天只吃两餐。在欧洲的任何地方，非常稳固的饮食事件的共同模式可能已经不复存在，但一些国家比其他国家更遵守集体惯例。比如，在西班牙，在一个时间点吃午餐和晚餐的人口比例，明显高于英国（Southerton，Díaz-Méndez and Warde，2012）。尽管如此，易识别的饮食事件等级仍然存在，就像道格拉斯所描述的，更重要的饮食事件有更精致的用餐形式和更有名的菜肴。

第二，作为饮食事件的定义的一部分，地点变得越来越重要。关键的当代基本空间坐标区分了在家吃饭和外出吃饭。毫无疑问，长期以来，人们一直认为，家庭用餐总是发生在相同的家庭环境中，即在基本家庭（核心家庭，或因共同居住而形成的扩展家庭）中进行。事实上，相同的亲属成员可能在不同的家庭中聚餐，而且目前很重要的是，他们可能在咖啡馆或餐馆聚餐。[1] 在西方社会，外出就餐曾经是富人的专利，现在作为休闲活动越

[1] 有些更次要的就餐地点议题是关于在餐厅还是在厨房就餐，在桌子旁还是沙发上就餐。

来越受到人们的欢迎，这是影响饮食实践的最重要发展之一，可以说是与食物供应全球化及连锁超市的出现同等重要的变化（Warde and Martens，2000）。外出就餐的影响尚未得到完全证实，但它对烹饪知识、家庭烹饪与家庭组织、新口味的传播、共餐和同伴关系（companionship）的定义有重要影响。

饮食事件的第三个重要特征涉及在场者。对用餐的共餐人类型的预期，极大地影响和强化了饮食事件的等级特征。仅凭饮食的时间制度，不能决定具体表演的性质。用餐形式和内容往往会有系统性的差异或差别，这取决于一个人是否独自就餐，是否与基本家庭成员一起吃饭（以及核心家庭是否包括小孩），是否与扩展家庭的亲属或密友一起吃饭，或者是否与同事和熟人一起吃饭。[1] 当尊贵的客人或亲戚临时来访时，家庭的餐食会更加精致，饮食事件的规则也随之发生改变。比如，2010年的一项宴会研究显示，准备得最精心的家庭庆祝宴会是那些成年的兄弟姐妹均会到场的聚餐。[2] 历史学和人类学研究表明，饮食事件是根据与适当的共餐人有关的惯例进行安排的。这就意味着：规范性别关系，决定男性和女性何时或是否应该一起吃饭；标识代际关系，如在英国，保姆习惯了让上层阶级的孩子在育儿室吃饭，而不是让他们和父母一起用餐；或给陌生人提供饮食的义务，这在一些社会中流行，而在另一些社会中是无法想象的。共餐人的身份是根据社会关系类别来划分的，一直具有重要意义。饮食的时

---

[1] 另外，如果在餐厅或咖啡馆吃饭，饮食事件和食物内容的搭配似乎是不同的。

[2] 这是一个小型研究，记录了欧洲几个国家的人们在圣诞节期间的用餐情况（Warde and Kirichenko，2012）。

间安排、地点和共餐人这三个维度上都会出现明显的社会分化。现在同以前一样，和谁一起吃饭是很重要的。在适当的时间，和适合的人一起，吃特定类型的食物，恰恰是安排某个饮食事件的实际技能。

艾丽斯·朱利耶（Alice Julier，2013）在其著作《聚餐：食物、友谊和不平等》（*Eating Together：Food，Friendship and Inequality*）中，研究了美国家庭的待客现象，很好地把握了共餐的细微之处及其重要性。这本书更多地关注“做东”（hosting），而不是“做客”，但由于大多数主人在其他时间也是同一社交圈内的客人，他们的做东方式揭示了他们对群体内期待的饮食程序和标准的理解。朱利耶研究了招待非亲属成员的不同饮食事件，从晚宴到百乐餐（pot-lucks），她证明了聚餐者的阶层、种族和性别构成影响着聚餐的安排和管理方式。当东道主夫妇控制和精心安排聚餐事件时，他们建立的互动模式及社会资本类型与共同体或志愿团体的成员共同组织的聚餐相比，是不同的。几乎在每一个案例中——在职场中具有竞争力的中产阶级男主人亲自下厨是个例外，社交性和欢乐性（conviviality）都比菜单的品质更重要。在这方面，女性对照顾来宾的行为更上心，也承担着更多的责任。女主人要确保客人们感到舒服，确定客人们得到适宜的陪伴，获得宾至如归的感觉。然而，还需要确保食物适合于聚餐的成员，因为提供的食物类型调节着社会互动，促进彼此间的关系。因此，尽管食物的美味程度随社交圈的不同有明显不同，但所有人都试图使食物适合于社会情境。

特定的社会和文化意义被附加在饮食场合的表演上，这些表演源于时间安排、地点以及共餐人的组合和并置。各种场合既不相同，也不是随机安排的。它们提供了社会惯例的基础。一个事件于何时、何地发生，参与者有准，将揭示出一些考虑的因素，这些因素通常隐含在饮食事件的特征中。比如，儿童的在场或缺席会影响到饮食事件的正式性、节奏、持续的时间和内容（Cheng et al.，2007；Yates and Warde，即将出版）。尽管在饮食事件的类型与食物消费之间没有简单的或严格的对应规则，但存在着一些共同的理解，这些共同理解限制了不同场合下可以吃到的食物的范围。在当代社会，发现这些饮食模式的形式和实质是饮食经验研究所面临的最困难任务之一。

食物、菜单和菜肴

饮食场合需要食物。但是，食物是一个多层面的现象，这个词有很多含义。人们吃的各种食物要经过很多阶段。食料需要被种植、交易和制备。但这是一个生产的故事，而不是最终消费的故事。此后，人们只消费了所有能想到的所准备的食物的极小部分。人们怎样在不计其数的食物中进行选择，是个有趣的问题。人们早就认识到，各个群体和人群只将可以食用的东西确定为食物。从这些被认可的食物中选取日常食物，是件复杂的事情。对于什么食物被选择，最常见的解释是，吃什么是个人选择，但这留下了许多未解释的东西。饮食事件似乎需要特定的食物，并限制了个人选择。比如，晚餐剩下饭菜，往往被认为是重要共餐人缺席导致的。因此，一位 CCSE 的受访者将前一天伴侣外出作为一个实际的背景信息来解释即兴晚餐的内容，包括“阔恩素肉（quorn），素肉（vegetarian meat），切碎的嫩豌豆、胡萝卜混合番茄基料，孜然（cumin）”。是以应有的礼节围桌吃饭，还是在工作的电脑旁随便吃点——会影响行为举止和进食的节奏——决定了我们吃什么。那么，我们应该怎样概念化食物的选择过程？

即使最具仪式感和象征意义的饮食事件或场合，也不能自动地或预先准确规定人们应该吃什么。[1] 但是，食物的内容和顺序都不是任意的。因此，尽管一个令人满意的解释需要阐明食物的内容和排序，但事实证明，观察到的饮食模式很难根据基本规则或原则来说明。

道格拉斯（Douglas，1972）的研究令人印象深刻，她通过假设食物制备的等级排序与饮食事件存在对应关系，尝试将食物和场合联系起来。在道格拉斯看来，精心准备的餐食可能意味着更丰盛的食物或更多的菜品，通常是在更重要的场合提供的。因此，在烹饪和社会层面上，圣诞晚宴比平日的餐食更重要。在英国，圣诞晚宴规定了许多道菜，通常是一道以丰盛的肉类为主的主菜，几道蔬菜及多个配菜。不太高级的日常事件菜品少一些，菜肴的食材少一些，准备时间和花销也少得多。在英国社会，每次就餐提供的菜品数量和食物结构是饮食事件体系中象征秩序的主要特征。道格拉斯用略显古怪的抽象标记法去体现一顿饭的“标志性”特征，这些标记偶尔也被重新运用来有效地描述食物

[1] 关于食物内容导致了这种联系或匹配，并没有令人信服的逻辑。不是饮食事件需要食物 *X*，而是食物 *X* 被认为适合该饮食场合。

搭配（Julier，2013；Marshall，2005）。[1] 不过，道格拉斯也使用了更抽象的主食（staples）、餐桌中央摆设（centrepieces）、配料（trimmings）等概念，这也许可以扩大饮食研究的历史覆盖面并提高灵活性。然而，在所供食物的实质性烹饪特性方面，这两种标记法在文化上都有些惰性。要分析饮食事件中的食物内容，一个更准确、更优雅的概念会受到欢迎。

文化分析表明，食物具有高度的象征意义。红肉与男性气概的关联，是一个被广泛使用的例子（Fiddes，1991；Lupton，1996）。罗兰·巴特（Barthes，1973 [1957]）是对流行形象进行符号分析的大师，他对牛排和薯条、葡萄酒和牛奶等食物表征进行解码，揭示这背后爱国的、国家的和社会的意义。食物的呈现方式也许更加重要。知道吃什么，尤其是知道提供什么给别人吃，是一个相当微妙的问题，其规则受到时空变化和社会人口特征的影响。普通人通过“食物”、“菜肴”（dish）、“菜品”（course）、“菜单”（menu）、“餐食”这些词来理解这一问题，但这些词对于分析食物问题来说都不甚理想。食物和饮食的社会学已采用了如“食物内容”和“用餐形式”（meal format）等技术性概念，来把握两种不同来源的象征效果。食物组合的方式和食物被送上餐桌的先后顺序是很重要的。汤是先上还是后上，是否在上甜点之前吃奶酪，所有食物是同时还是依次送上桌，这些都是烹饪和用餐制度

[1] 道格拉斯使用英文字母表的字母，来表示某一食物与不同菜肴的相对重要性，以把握不同饮食事件的结构。比如，“一顿合适的餐食是一个菜肴 A（当 A 是强调的主菜）加上两个菜肴 B（B 是未强调的配菜）。而在每一道菜中，A 和 B 包含相同的结构，用小写字母 a+2b 表示，其中，a 是被强调的菜料，b 是未被强调的菜料”（Douglas，1972：68）。

的典型特征。

在社会科学中，“菜单”并不是一个技术性概念，但作为一个术语，它有可能把握住食物内容和用餐形式。显然，菜单是餐饮业的一个工具，它公布了所有可供消费的菜品，通常根据一系列菜品或菜肴的类型加以编排。一般来说，菜单很少用于家庭事件，主要用于正式的场合。但是，从个体用餐者的角度出发，任何饮食事件中的总消费都可以根据个人菜单来重新描述。在任何特定的饮食事件中，个人菜单（经历的、观察到的或书面的）都可被认为是对食物内容和上菜顺序的记录。即使是一顿普通的晚餐，其结构和内容都可以用类似餐厅的菜单来表示。

在餐厅里，菜单是一份可能提供的“菜肴”的目录，通常以推荐菜品的顺序进行分类。[1] 菜肴是把各种食料搭配成可供消费的一道菜。提到某道菜，我们会意识到，生产和供应、制备和组合的过程是消费的前提。我所说的“菜肴”，当然不是指碟盘碗等器具，而是指经过食料准备和烹饪制成的可食用的一道菜，是在特定文化背景下可以识别其象征意义的烹饪准备。因此，制备好的一道菜将食物的供应（无论是通过什么途径）和消费联系起来。菜肴是由单一食料或多种食料组合而成的。[2] 菜肴的配置是菜单

[1] 然而顾客可能会从菜单的一类中点几样菜，或忽视了另一类。

[2] 只包含一种食料（如生苹果或煮熟的胡萝卜）的菜肴，我们称之为简单菜（simple dish）。另一种形式的菜肴是混合（compound）菜，如番茄汤或汉堡，是由很多食材混合而成的，其中一种食材具有可识别的特征，这源于其制备的传统方式，那么这道菜作为一个具有象征性的整体，就以这种食材来命名。更多的菜肴形式包括不止一种简单菜或混合菜，以鱼和薯条为例，两种食材都可以单独烹饪，再一起组成炸鱼薯条这道新的菜。

的基础。列出的菜肴或许是规定好的，也可能会邀请用餐者点菜。菜肴的清单可以是依序的，比如建议用餐者点三道菜的套餐，也可以是同时的，比如点瑞典式自助餐或印度套餐。菜单为这些食物及食物组合命名，并根据其应有的顺序进行分类。在认识到商业环境特殊性的同时，菜单和菜单提供的菜肴为食物消费的形式和内容提供了一个概念性模板。

在当代西方，关于吃什么或上什么菜的讨论逐渐围绕着菜名展开。我们所吃下的东西，主要是具体的菜肴所含有的物质，比如烧好的牛肉和胡萝卜、柠檬芝士蛋糕。厨师一般（但不总是）会准备菜肴，而餐馆（总是）将菜肴列入菜单。专业美食作家的大量作品都集中在菜肴上，这些菜肴是电视节目、烹饪书、食谱书、餐厅专栏等的常见话题。菜肴是烹饪的基本产物，用于描述放置在用餐者面前盘中的食物。[1] 世界上有很多菜肴，很大一部分已经被编入食谱书，这些食谱书成为菜肴分类的主要工具。菜名表现出了可识别的差异。比如，本内特（Burnett，1989：312）报告了一项1976年的调查，结果显示只有不到一半的英国人认可外国菜，如墨西哥辣椒肉末汤（chilli con carne）和碎肉茄子饼（moussaka），尽管这一比例比二十年前明显提高。菜肴有象征的意味，会引起人们的反感、兴奋或喜悦之情。给儿童他们最喜欢的菜，或者给成年人“爽心美食”，象征着亲密和有归属感的社会

[1] 餐桌上出现的食物，可以被概念化为菜肴以外的某种东西。我们可能在吃营养物质——卡路里、维生素、碳水化合物、矿物质。尽管在很多国家和社会群体中，这种饮食的医学化已经成为主要的组织原则，但这是否有意义，仍存在争议。可以认为，对菜肴的探讨是饮食文化表征（cultural representation）的暂时胜利，这与职业美食作家所支持的当前流行的文体一致。

关系，在这种情况下，食物营养似乎只是次要的考虑。菜肴也体现出了分类的特征。比如，编制食谱是为了形成一种地区的、民族的和国家的归属感。阿帕杜莱（Appadurai，1988）认为，印度的国家地位是通过构建一种借助食谱书传播开去的国家美食，而在中产阶级中得以提升的。根据帕纳伊（Panayi，2008）和默林（Moehring，2008）的研究，第二次世界大战以来的一个趋势是，各国通过编制食谱对不同的烹饪传统进行分类，强化了国家的烹饪认同。因此，传统的菜肴选择和组合，被认为能传递强烈的象征意义。菜肴也有等级之分。一些菜肴具有地位和声望，如在美国感恩节这样的纪念日，火鸡是传统菜单中的主菜。其他的菜肴仅适合平常的日子。关于菜肴的词汇（vocabulary）、句法（syntax）和语法（grammar），在社会和文化意义上都很复杂。

然而，值得一提的是贾尔（Giard，1998）的评论，他认为，用于家庭消费的菜肴，如私人食谱中所记载的菜肴，往往没有菜名。在家里，人们自行对各道菜及菜肴进行组合。在 CCSE 的研究中，受访者[1]被问到昨天晚餐吃的是什么，几乎所有受访者都回答只吃了一道菜，加上一杯水果汁、茶或咖啡。[2] 尽管这种形式很基本和常见，但一些受访者报告了精心制作的晚餐，如一道

[1] 参见本书第 78 页注释 [1]。

[2] 应该强调的是，这些访谈并不想获得人们吃的所有食物的系统信息。毫无疑问，更多的追问会发现更多的项目，也许是甚至更多的菜和更多类型的饮品。比如，有几个人喝酒，但没有多少受访者被问到这个问题。甜点是成年人偶尔吃的东西；被访的 28 个家庭中，有一家说吃了果酱布丁卷和蛋奶沙司，另一家吃酸奶，还有一家吃水果。儿童吃甜食更频繁，他们吃苹果和冰激凌、即食甜点（instant whip）和酸奶。在对周日晚餐的描述中，仅有一人提到开胃菜，受访者罗伯特回忆他喝过汤。

主菜是由多达六种食材组成的。一对三十多岁的工人阶级夫妇，晚餐吃了烤火鸡、烤土豆、甘薯、胡萝卜及其他蔬菜，而一位中学女教师吃了红酒焗牛肉，配以迷迭香煨土豆和蔬菜。有些受访者的晚餐则比较简单，如香肠、土豆泥和肉汁、鸡肉馅饼和薯条、三明治或芝士意面。南亚裔的受访者报告的餐食，往往超过了平均水平：比如，一位四十多岁的驾校教练，吃了冷冻鱼薯、鹰嘴豆印度烙饼（chapattis）、蔬菜和扁豆，再配上咖啡。从建立在按国别定义的菜系的真实性或纯粹性基础之上的分类体系的角度来看，许多被描述的私人菜单无疑是混合性的。被描述的混合菜肴有：中式猪肉、炒蔬菜（stir-fry vegetables）和土豆泥；斯提尔顿芝士土豆泥、猪排、辣椒和照烧酱（teriyaki sauce）；面糊鱼（fish in batter）、意大利面和蔬菜；以及炸鱼薯条、鹰嘴豆印度烙饼、蔬菜和扁豆。多数受访者报告的膳食结构由肉类、碳水化合物及蔬菜组成（或更抽象地概念化为，主菜加主食加配料），包括：炖牛排、土豆和胡萝卜；粗麦米（couscous）、西兰花、鹿肉汉堡和牛排；烤猪肉、填料、西兰花、奶酪、甜玉米、烤肉和土豆泥。[1] 但是，有几个家庭的烹饪传统来自南亚，在那里，每餐不止一种主菜很常见；一餐由鹰嘴豆印度烙饼、沙拉、酸辣酱、鱼和扁豆组成，另一餐是鸡肉和肉丸（加混合蔬菜）。这样一顿饭，更像老式的“法式服务”，即许多菜同时端上餐桌，而不是现代欧洲的“俄式服务”，即每次只上一道菜。这些证据表明，与英

[1] 在不同受访者前一晚吃的25个主菜中，有11个是默科特（Murcott，1982）所说的“熟食”（cooked dinners），包括肉类或鱼类、土豆和蔬菜。

国餐厅通常会在晚餐时提供的三道菜的套餐相比，家庭餐食更简单，结构也不那么正式。同样，这也表明了，在21世纪的英国，食物选择上的多元文化特征及烹饪文化之间的差异。

总而言之，这意味着一份菜单中可能出现的菜肴的组合的数量是惊人的，而年度菜单更是如此。对于多数的饮食事件，有很多可能接受的食物。然而，尽管在原则上有无限的选择自由，但人们的饮食仍显示出可发现的模式。菜肴的组织和排序是一个习俗问题，在一定程度上体现出人们并未严格遵守烹饪传统或体系。但是，将饮食事件视为场合的特殊类型，对不该吃什么或不该遵守什么顺序，可能会提供有力的指导。选择是一项遵循一定纪律的活动，受到诸多限制。资源、控制权和想象力的局限性，与情境限制性延续过程（这一过程使得当前偏好取决于先前偏好）相结合时，就可能让选择在事实上受到约束（Warde and Martens，1998）。在这种情况下，菜单作为限制选择的手段，让人们从有限的、依次排列的菜肴中进行有限选择，可能是有用的。菜肴的分布和排序反映了场合的社会重要性。地方风俗或多或少确定了选择哪些菜肴将适合于目的。

直到最近，选择和象征性表达带来的愉悦和特权可能不是什么非常紧要的事情，除非在非常富有的人中。当人们财力匮乏因而只能买得起季节性食物，食物作为必需品的情形就随之出现了。但是，最近的饮食审美化的一个结果——菜肴的主题化变得更加明显，尤其受“外出就餐”风气的影响。随着全球化和商品化的发展，人们已经扩大了对菜肴范围的认识，并拓展了对之前准备异国风味的体验。菜肴获得了更多的关注，因为它们是专业美食作家和节目主持人的话题，也因为食谱书变得越来越专业，更因为餐厅菜单是许多人阅读的菜名目录，由此扩大了他们对菜肴范围的认识。选择菜肴是实现菜单和场合适配的实际技能的一个关键部分，因为菜肴有许多搭配的可能性。时间安排、地点和共餐人这三个维度无论单独还是组合起来的变化，当与菜肴和菜单选择结合在一起时，必然会带来社会分化。如果再把身体吸纳议题加进来，情况就更加复杂了。

吸 纳

威尔克（Wilk，2004）注意到，消费分析所用的宏大隐喻是“吃”的过程。他反对该隐喻并说这是有问题的，因为一些与“吃”有关的更身体化的过程，包括饥饿、咀嚼和吞咽、消化和排泄，并不是可以转换为其他消费行为的特征。因此，他认为“吃”通常是一个令人误解的隐喻。然而，出于同样的原因，当研究者考虑“吃”本身时，这些过程应该引起社会科学家的关注。但是，多数社会学研究将“吃”的生理和消化过程当作其他科学研究的主题。正如普兰（Poulain，2012）指出的，社会学不愿研究“吃”，因为它不被认为是足够明确的、涂尔干意义上的“**社会**事实”（social fact）。马塞尔·莫斯（Mauss，1973［1935］）提出的“身体技术”概念，是这种一般规则的早期的罕见例外。随后，健康和疾病社会学、女性社会学研究了具身化议题，尤其是饮食失调问题。自20世纪90年代以来，食物体系公认的危机，特别是与肥胖有关的危机，扭转了饮食社会学忽视身体问题并集中关注身体内和身体上的表现的趋势。最近，感官体验的社会层面已经开始受到重视，并有可能理解品尝经验背后的不太直观的生理机制（Davis，2012；Korsmeyer，2005；Sutton，2010）。

对饮食的整合性解释需要综合与之相关的生理、营养、感觉过程的知识，并说明这些知识与饮食事件和菜肴的社会、审美层面的交集。这样的融合还未实现。正如文化转向的批评者所宣称的，文化分析忽视了身体的物质特征及功能（Reckwitz，2002a）。杰克逊和斯科特（Jackson and Scott，2014：566）指出，持续的“张力，存在于将自然身体本质化和视身体为社会建构物两种立场之间”。他们回顾了20世纪80年代身体社会学从健康和医学研究中兴起的过程，建议身体社会学研究要在纯粹借助社会建构主义的视角和将其看作不变的自然实体之间穿梭，进而来探讨身体及其功能和能力。他们认可克罗斯利（Crossley，2001）的解答，他将社会互动论和现象学要素相结合，在建设性地发展布尔迪厄“惯习”概念的基础上，把握具身化的主观特征。从分析的目的出发，用实践理论的模式开展食物研究，其主要资源是一些关于娴熟的表演者如何学习和改进具身性程序化习惯的出色研究（如Noble and Watkins，2003；Sudnow，1978；Wacquant，2004）。与饮食特别相关的整体重建工作也可以借鉴最近一些关于感觉的研究，探讨身体的感官能力与品尝食物的解释层面之间的联系，其中，强调联觉（synaesthesia）（感官的综合效应）将心理过程和神经生理过程协调一致（Sutton，2010）。

关于饮食失调的证据高度凸显了习得的身体技术在饮食过程中发挥的正常的、不言自明的作用。在通过手术治疗的极度肥胖症案例和神经性厌食症案例中，康复患者必须重新学习如何进食。进行医疗手术，使用胃束带以缩小胃的体积，必然带来饮食表演的根本变化，如新的惯例、习惯和口味。[1] 这种手术要求其后的饮食务必少食多餐，大份的、肥腻的食物难以消化、不可食用。这样，个人参与社交就会产生紧张感。其他人吃不同的食物，在较少的饮食事件中花更长的时间，这损害了作为社会成员身份基础的共餐形式及共享的饮食法则。社会的时间节奏与个人改造过的胃容量背道而驰，以这种缩胃方式对待极端肥胖者，会产生严重的社会成本（Throsby，2012）。负面的社会后果源于以下事实：身体已经习惯了日常饮食事件有序安排的节奏，如果两餐的间隔时间太长或太短，身体往往会提出抗议。

破坏饮食惯例所产生的后果，以不太严重的方式出现在更平常的情况下。克里斯坦森和霍尔姆（Kristensen and Holm，2006）在丹麦的一项定性研究中表明，用餐的时间安排不仅直接影响所吃的食物种类，而且影响用餐者的满足感。达尔蒙和沃德（Darmon and Warde，即将出版）分析了英法跨国夫妻的用餐调适问题，研究表明，每天要在不熟悉的时间用餐是最困难的转变，因为英法两个国家的午餐时间不同，导致他们对晚餐的食欲难以同步。社会用餐模式的节奏与长期以来形成的个人身体习惯相脱节，是造成紧张感的根源。

在另一项富于启发性的研究中，玛布尔·格拉西亚·阿奈斯

[1] 感谢博迪尔·克里斯坦森（Bodil Christensen）和林内·希勒斯达尔（Linne Hillersdal），通过与他们交谈（2012），我了解到他们对减肥外科手术的社会后果的极佳的解释。通常，减肥外科手术的网上信息（如维基百科，2014年11月11日查询）会提到该手术在医学上的副作用，以及对随后进食的生理影响，但没有提到对社会方面和饮食方面的影响。

（Arnaiz，2009）研究了在西班牙对患有厌食症的女性进行康复干预的问题。同样，这种治疗被所有人看作患者真正学会进食的问题。治疗技巧随看待厌食症的视角而变：它究竟被认为是心理障碍，还是营养问题。营养学家通常会推荐非常严格的饮食制度：规定好的用餐时间、严格的用餐形式（一日多餐，每餐三道菜），以及严格按照营养成分和平衡来确定菜肴，从而达到科学地控制用餐内容的目的。正如阿奈斯指出的——部分也是从其受访者的言语中透露出来的，这种治疗缺乏对厌食问题的社会性质的理解——可以认为，治疗的规训性质与病因看起来没有什么不同——并且回归日常生活的厌食症患者发现，在实践中要遵守在制度化治疗环境中所坚持的饮食原则，是极其困难的。“营养建议是建立在相当不灵活的饮食模式上的……并且要求形成难以执行的日常惯例”（Arnaiz，2009：195）。肥胖症和厌食症患者的康复所面临的主要困难是重新适应饮食供应和共餐的日常限制，这也揭示了饮食表演的具身性层面通常是如何被管理的。

节食已经成为常态。尽管在21世纪的西方社会，人们很难实现身材苗条的目标，但对苗条的渴望几乎是普遍的。这被认为与外貌美观、身体健康和道德正直相关——身材肥胖者被认为道德堕落，而苗条的身材则是自律和自我控制的体现（Offer，2006）。饮食制度的目标是，精确地塑造和控制身体。健康饮食的主流营养话语与控制体重的策略相融合。像减肥节食这种长期进行的克制活动的普遍失灵，是最具社会学意义的。正如克罗斯利（Crossley，2004）指出的，不自觉的体重增加是一个不容置疑且突出的社会事实，这对理解生物过程和社会过程的相互影响是极佳的研究案例。克罗斯利认为，体重增加“往往在意志力的盲点上进行”，这种状况“‘悄悄地发生’，在很大程度上是不被注意的，当它在中间人的干预下被注意到时，对当事人来说是一种冲击”，但由于社会原因，它很难被逆转（Crossley，2004：246，242）。

人们也许很少注意到，饮食规范的形式已经出现，某些特定的食物与个人身体之间被认为存在某种特殊的联系。专业的饮食顾问可能告知你，你的体质不适合吃黑莓和比目鱼。人们越来越频繁地声称食物过敏，有时还通过医学诊断使之合法化（FSA，2014）。提供餐饮服务的会议筹备者通常会询问参会代表是否有特殊餐饮要求或过敏症。包装产品在其标签上会注明加工的原材料中是否含有坚果。目前尚不清楚，人体的生理机能是不是发生了改变，抑或过去的人们是不是在沉默和无知中深受其害。这可能是加工食品的特性所导致的新现象，也可能是身体被训练得只能应付更少类型的食物。或者，这可能只是饮食风格化（stylization）的副产品，是一种信念的结果，即相信每个人应该有意识地采取个性化的饮食方式作为时尚生活方式的一部分，在面对饮食失范时，寻求自律或追求意义感。

此外，在西方社会，人们比以前吃得更多。在许多历史时期，吃得饱或吃到撑是富人的特权。肥胖症的流行意味着，对许多人而言，饱腹的能力已经提高。其部分原因可能是富裕国家的人口可以获得丰富的食物，部分是由于久坐的工作和汽车的使用改变了人们的锻炼计划。但是，这些因素不太可能提供充分的解释（Guthman，2011）。身体超重也可能是由于吃饭过快。在大多数国家，人们花在吃饭上的时间比过去更少（Warde et al.，2007）。

有研究表明，身体需要大约20分钟来记录饱腹感，因此存在一个明显的危险，即吃得更快就会绕过身体那种吃饱而不吃过量的调节机制。吃得过快的问题可根据其他的社会过程得到最好的解释。方便食品迅速推行，或许同样可用来说明吃饭时间减少或做饭时间减少的原因。

诺伯特·埃利亚斯在解释文明的进程时，阐述了15世纪欧洲的餐桌礼仪的变革，同时描述了正在改变的身体技术，从禁止随地吐痰到学习使用餐叉。20世纪的全球化进程使食物种类增加，这促使人们使用新的餐具，进而学习新的身体动作，以把食物从餐盘送到嘴里（Giard，1998）。20世纪早期的英国礼仪书籍强调了吃鸡肉用手抓的特殊可接受性——在英国，这是餐桌礼仪的核心问题，通过（用手）拿食物体现出阶层差别。做外国菜的餐厅数量的增加营造了一种局面，即20世纪早期很少出现在英国家庭中的食物，如今在公共场所可以消费。意大利面、亚洲餐馆的米饭、贝类带来了特有的用手操作的问题，因为这些食物很难用高雅或舒适的方式食用。这些又带来了社会区分的问题：能用筷子吃中式食物——我可以证实，对英国人来说，用筷子吃饭不是第二天性——在某些方面被认为是见多识广、精明老练的体现，这可能部分解释了在中国餐馆中使用筷子的顾客的阶层构成。[1] 将食物送进嘴无疑需要灵敏的身体技术，这些技术不规则地分散，且随着时间的推移而改变。

---

[1] 但不是中餐外卖，吃中餐外卖时你总是可以用餐厅提供的木制餐叉体面地用餐！

（用餐的）姿势和举止也影响着“吃”的乐趣，并在界定饮食场合方面发挥作用。身体仪态（bodily hexis）是礼仪的一部分。用餐时，儿童仍被告知要坐直，不要弯腰驼背，要把椅子拉进桌子，不能将手肘伸出来。这些指令可以在关于行为举止的礼仪书籍中找到，不仅是一个礼仪问题，而且与吃饭时的家具、工具和餐具的物质特性相关。比如，刀叉的使用是用餐者优雅和有效地操纵食物的程序的体现，这些程序不会让别人感到不快，便于人们在餐桌上与他人舒适地共处，并在自己的餐盘中料理食物。

在嘴里一次性处理食物体现了社会地位和社会区分。布尔迪厄（Bourdieu，1984［1979］）认为，法国男性不太喜欢吃鱼，是因为如果要避免吞下鱼骨头，用餐者就需要用舌头在嘴的前部处理鱼肉，这种方法比用嘴的后部狼吞虎咽少了些男子气概。布尔迪厄对饮食行为中高雅和粗俗品味的解释，迫使人们从文化上认识“吃”在身体行为上的差异化方式，并对饮食表演能力进行判断。

受大众喜欢的食物的口感也发生了改变。富裕的西方社会民众，可能不太喜欢坚韧的、坚硬的、干的、难嚼的食物。这让我们马上想到压缩饼干、难切的熟肉、糙米。咀嚼食物是随时间而改变的生理行为。20世纪早期，在霍勒斯·弗莱彻（Horace Fletcher）的启发下出现了一场运动，即要比当时或现在的规范所要求的更为彻底地咀嚼食物（Levenstein，1988：86ff）。[1] 虽然这是一种饮食时尚，但也提醒我们，咀嚼是身体的技术和程序。

［1］ 弗莱彻倡导“彻底地咀嚼”，“咀嚼每一口食物，直到食物根本没有味道，然后不由自主地吞下去，这通常意味着吃一口食物至少咀嚼100次”（Levenstein，1988：87）。

社会学研究更关注饮食的身体层面，而不是感官层面，因为口味更可能被当作美学问题，而不是触觉、味觉或感官问题。对社会学而言，很难对各种感觉进行分析（而且它们通常被当作认知方面的问题，而不是身体反应）。越来越明显的是，不同国家和地区的菜系都有强烈偏好的风味搭配。撇开融合食物和分子美食学不谈，大量食谱和烹饪推荐表明，可以根据主要的风味搭配来识别菜系。橄榄油—洋葱—胡椒—番茄意味着西班牙风味，橄榄油—柠檬—牛至（oregano）意味着希腊风味，洋葱—猪油—辣椒粉意味着匈牙利风味，等等（Rozen，1983）。有一篇运用社会网络分析研究食物搭配的上乘论文，更详细地阐明了由于基本的偏好随不同大洲和地区变化，各组食材所共有的风味搭配解释了它们为什么被习惯性地放在一起烹调（Ahn et al.，2011）。这意味着人们习惯于特定的风味，他们的偏好由不同风味搭配的可口性来决定。怀孕的女性渴望吃那些不寻常的，有时候甚至是陌生的食物，这个反例或许可以说明身体通常习惯于各种风味和口味（Murcott，1988）。人体激素状态的改变通常被用来解释那些在正常情况下避之犹恐不及的食物的暂时吸引力，证明了对于合意食物的常规化、惯例化的日常分类系统。因此，食物偏好似乎有一个审美—情感的维度，它属于身体的感官鉴赏能力，超出了在特定餐食中有意识地选择菜肴的范围。

越来越多的研究探讨如下事实的影响："吃"的感官体验，不只是用舌头记录食物的风味。戴维斯（Davis，2012：137）利用当代极具革新性的职业主厨的实践经历，来强调日常品味过程的复杂性。他对品味过程的看法是，"全世界的主厨都开始玩口味，不仅操纵味蕾所识别的甜、酸、咸、苦、鲜味，而且操纵感官知觉所唤起的口味>回忆>情绪反应”（Davis，2012：135）。正如戴维斯所言，“世界上伟大主厨的标志之一是，他们在用餐过程中，渴望（也有能力）操纵复杂的感官关系，玩味食物与文化的关系，纠缠各种情感，混杂各种回忆”（2012：137）。口味、气味和风味通常被不由自主地记录下来，但是它们能触发回忆和情感。戴维斯认为，口味、回忆和情感间通常假定的因果方向是可以逆转的，而且他认为，这越来越通过诉诸和参考食物的时空特征来实现。经过特殊保存方法处理的食物获得了鲜味特征，而传递独特风土特色的食物则带有其地理来源的显著标志。审美欣赏是对感官的补充。通过修饰食物的外观、精心构建环境、建立食物与景观的视觉关联等，味觉体验可以被重新定义甚至彻底逆转。戴维斯巧妙而有趣地展示了一些餐厅的表演节目采用分子美食技术和哲学来呈现食物［使用经常被引用的 Noma 餐厅和斗牛犬餐厅（El Bulli）的例子］，以此来说明身体对味道的识别是多么复杂。雷德泽皮（Redzepi）和阿德利亚（Adria）等主厨用这种方式成功地对菜肴的呈现和味道进行了实验，恰好说明了不同的身体程序如何结合才能产生味觉。在大多数日常情况下，人们不会被要求解读新饮食运动提供的感觉，这件事太复杂了。但是，**在极端情况下**，当人体接触到新奇的、不寻常的东西时，其能力说明了品尝味道的认知、意动（conative）、情感维度在饮食体验中相互作用的过程的复杂性。

据我所知，身体技术和身体过程研究领域的观察结果还没有系统化。系统化是有价值的，因为许多规律性可以归因于饮食的感官和身体特征。这是一个重要的非认知性和本质上具身性的过程领域，布尔迪厄早在三十年前就请人们关注该领域，但至今这一领域仍然有待利用。身体技术和饮食场合、菜肴密不可分。比如，外出吃饭时“出洋相”（discomfiture），据称是用餐环境太正式、对就餐礼仪的要求太严格所导致的（Warde and Martens, 2000: 121-131）。[1] 或者，再比如，对味道独特的新奇食物的品鉴，或者把难对付的食物从餐盘搞到嘴里的艰难过程，都是进食过程中的恼人插曲。

基本形式和表演：一个实例

概括起来，饮食场合、菜单和吸纳的技术构成了饮食表演三个主要的分析维度。这套简单的概念有利于描述传统的饮食方式。这种理论表述在学术上归功于早期社会学的解释，也受惠于第二代的实践理论。实践理论尤其强调了被多数社会学理论所低估的“吃”的具身性方面，同时强调了这些方面与“吃”的过程中使用的工具（餐具）间的关系。实践理论也可以很容易地应对饮食表演的特殊性或独特性。由这三个要素及其组成部分的组合所得到的替代性的表演数量是极其多的，因此，我们必须假定，当人们解决如何吃饭的问题时，他们不会在心中反复盘算。相反，只有相当少的选项似乎才是有意义的，其余选项——大量的其他

[1] 社交紧张可能会带来躯体症状，如疼痛，举个例子，在焦虑状态下，横膈膜变得更加僵硬。

组合——实际上是不相关的。最根本的是，“吃”是在既定的社会关系模式和共同的理解中进行的，它们以传统惯例上可识别、可接受的方式，掌控着时间安排、地点和共餐人的精心安排。在随后的章节中，我们将探讨的是，用确定的方式，确认这样的解释是有意义的。

那么，从理论上讲，饮食**表演**取决于三个基本要素的精心安排：饮食事件—菜单—吸纳。任何一段饮食经历，都可根据这些要素的排列进行重新描述。因此，经验研究探寻行为和言语的规律性，这些规律性可以通过观察、测量、访谈或证据来把握。与每一种要素相关的规律性，以及这些要素以具体方式结合而成的规律性，为描述不同的饮食制度提供了基本的要素。

根据人们自己的描述，他们通过社会事件、烹饪产品和身体及感官体验的组合调整自己的表演。人们很容易将可能存在极大问题的一系列决策，转化为相互可理解的表演。让我再次讨论CCSE研究英国文化消费的一个访谈的例子（Bennett et al., 2009: 167）。受访者［化名泰里（Teri）］是一名受过良好教育的女性，40多岁，和她的两个孩子住在伦敦。访谈者问泰里，最近一次在家吃饭是谁做的，她回答道：“都这么长时间了，我不记得了！天哪！我们一定是吃过什么的，昨天是星期几？星期四。那肯定是我做的饭！我不记得我们吃了什么。”

访谈者继续询问，“最近一餐吃了些什么？”泰里回答道：

> 哦，小女儿贾丝明（Jasmine）去了父亲（住在别处）迈克（Mike）那儿。啊哈，我想起来我们吃的是什么了。昨天

工作时，中午大家吃了送行宴，所以午餐我吃得很饱。儿子杰克（Jake）下午不用上学，所以他做了烤三明治，我回家时他正在吃，然后我为他做了奶酪和饼干，我有前一晚的剩菜，那是——好吧，前一天晚上我们吃了香肠、西兰花和土豆。当时杰克心情不好，没有吃，这就是我为什么昨晚吃了这些剩菜。

这则短引文反映了很多东西，它摘自关于不同类型的文化活动和文化品味的访谈资料。人们对此的反应可能是，这是一个做事毫无章法、糊里糊涂的女性，记性差，也不喜欢做家庭食物计划。或者，它可以被解读为应对偶然的、意外的状况的一系列技巧娴熟的即兴施为，被解读为一名女性很典型地在同时应付工作、时间和家庭责任（Thompson，1996）。然而，这个过程可能更多的是根据实际情况做出反应，而不是做出决策和选择。事情水到渠成，但结果并不令人难以接受。这种表演既不会产生遗憾，也不会带来不快。诚然，虽然她没有完全控制局面，但她对**实践**习俗的熟悉确保了可接受的结果。

这则短引文实际上揭示了饮食实践的许多特征。很明显，最初在泰里心里，昨天吃了什么并不是最重要的。部分原因可能是她认为这是一件小事，因为在计划和安排饮食事件的过程中由她负责的事情很少。[1] 她记忆的方式是回忆家庭成员的时空路径，这表明这顿饭首先是一个社会的和家庭的事件。她随口提到了饮

[1] 萨瑟顿（Southerton，2006）认为，在更重要的公众活动中，就餐活动是安排其他事件的关键，餐会的组织者更容易回忆起发生的事情。

食的全部三种基本形式。访谈中的饮食事件有：工作中吃送行午餐；女儿去父亲那里吃茶点。菜肴有：烤三明治；奶酪和饼干；香肠、西兰花和土豆。而且她提到了身体状况：“午餐吃得很饱”；心情不好。这个故事是通过人员、事件和食料交织而成的。值得注意的是，顺序相当重要。泰里的午餐内容影响了她准备晚餐。杰克下午不用上学，解释了他的晚餐内容。而且，这里自始至终都在暗示，这个家庭确有正常的惯例——事实上，随后泰里描述了家庭饮食的工作日模式。在这个家庭中，吃饭可能经常是家庭活动排序中的关键，但并不总是这样，即使偶尔偏离了饮食惯例，也不会引起成员的懊悔情绪。

结论

本章的论点是，“吃”可以根据三种基本形式进行描述。如果“吃”是一个科学的对象，那么它就是一个本身不由任何特定理论产生的饮食概念。不同理论流派的学者们会用这些术语来研究食物消费。这是一个描述和收集数据的框架，没有任何内在的理论承载（theoretical loading）。它没有具体说明是什么原因导致了这些要素间的关系。相反，它提供了一个支架，在它周围可能搭建起对为什么不同人群以不同方式精心安排其饮食表演的一种解释。到目前为止，很难找到一种社会学理论能充分整饰这一支架。比如，玛丽·道格拉斯会被认为只关注了饮食事件和菜单。医学和营养科学主流的传统方法，集中关注菜单和身体吸纳。在《区分》中，皮埃尔·布尔迪厄确实涉及了所有这三个维度，但没有进行详细研究。

我们还需要在随后的章节中看看，运用实践理论是否能对普通人怎样及为什么安排自己的饮食表演的问题给出有用的和独特的解释。我的看法是，任何参与“吃”的人在进行表演时，都会对每个要素的变体进行精心安排。人们用不同方式组合这些要素，从他们对行为的报告和对自己行为的辩护中，可以得出对饮食表演和**实践**之间关系的理解。正如泰里的经历所表明的，表演是独特的和特别的，每一种表演都是时空中独一无二的事件。这些表演沿着许多维度，显示出很大的差别。在日常生活中，通过这三个要素的协调组合来精心安排饮食，大多不费吹灰之力。人们凭直觉知道或理解什么食物该与什么食物搭配——哪些菜适合做早餐，哪些食物搭配对保持健康最有效，精致的晚餐用来招待什么客人比较合适，等等（包括是否要给宠物狗提供食物，怎样迅速把客人打发走）。社会科学家对人们精心安排饮食的能力感到惊讶，他们将这种能力作为默会知识形式的证据，甚至是遗传或进化倾向的证据。在普通的日常生活过程中，行动者无须有意识地深思熟虑或反省，似乎就能安排好自己的表演。如果面对访谈，他们也许会对自己的理解和行为做出部分解释，但是精心安排饮食似乎是作为实践感而存在的，即人们不用思考就知道如何去做。理论上的难题是：这通常是如何实现的？本书剩下的内容，试图对这个问题进行解释。

5

组织饮食

混乱无序的饮食？

“人们为什么会吃他们所吃的食物?”这比饮食领域的任何其他问题更能推动社会科学研究项目的发展。考虑到上一章提到的饮食多样化的可能原因——即使是少量的说明性实例也能证明这一点——这是一个难以回答的问题。在英国，饮食表演的范围和变化，乍一看呈现出一幅非常复杂的画面，引发了各种推测和预测，暗含着愈发混乱和无组织的行为。如果一个人采取正统观念，认为这是个人自由选择的问题，那么回答起来就会尤其困难。那么，从各种混乱的选择中形成的任何一种秩序，都必定会让人感到惊奇。消费分析常常认为，如此多的可能性是不确定性和焦虑的根源。日益增加的选项使选择的行为令人生畏。除了与未知有关的风险，吉登斯准确表达了这样一个难题，即现在“除了选择，就别无选择”，消费者要对自己的选择负责，这引起了人们的焦虑。在食物研究领域，克劳德·菲施勒在“**饮食失范**”概念下，针对这个更普遍的问题，给出了最吸引人和更富挑战的表述（Fischler，1980）。

饮食失范是一场烹饪危机，“是与食物相关的一套规则、规范和意义，用来约束饮食习惯”（Fischler，1980：947）。饮食失范是这样一种状况：

> 现代人如果没有清晰的社会文化提示，就不知道选择吃什么、什么时候吃、怎样吃及吃多少。选择食物和摄入食物，现在越来越成为个体决定而不是社会决定的事情……但是人们缺乏可靠的标准来理解这些决定，因此他们的焦虑感越来越强。（1980：948）

在菲施勒看来，在过去的时代，饮食习惯是“由一致的、传统的、女性的烹饪模式所塑造的”，它们的缺失，导致没有可靠的集体标准来帮助做出饮食选择。这种判断已经成为理解西方社会更普遍的超现代化困境的方式（Ascher，2005）。菲施勒论述的关键是杂食者悖论（omnivore's paradox），即吃许多不同食物的生物需求，这构成了一种威胁，因为人们发现新的食物类型可能对身体有害，而在审美上是令人愉悦的。菲施勒指出了源于工业食物体系及政府监管的各种压力，这些压力动摇了先前解决这一悖论的各种方案，并让人们对“吃”感到担忧。

通常，上述判断对像法国这样的国家是最有意义的，因为法国有美食学传统——尽管长期存在争议，但这是一种对美食规则、习俗及发展前景进行的学术性的正式总结。但从社会学的角度来说，可能有人会反对，认为饮食失范高估了个体化程度及其产生焦虑的倾向性。“饮食失范”这种表述可能存在的另一个问题是，它过于关注个人知识及信息的心理过程，暗示饮食选择的困难在于对吃什么做出准理性的决策。“饮食失范”的第三个问题是，它主要关注菜肴的内容，而不是稳固饮食模式的其他要素特征。让-皮埃尔·普兰（Poulain，2002a，2002b）详细探讨了另一种反对意见，他认为，当前的情况是饮食多样化，而不是饮食失范；单一权威性的、可能是传统的最佳饮食模式，已经让位于一些类似的替代模式。

菲施勒和普兰的观点是部分正确的。没有一个完全一致的权威饮食实践模式为所有人所采用。一些人对最佳的饮食方式是不确定的，往往容易或明或暗地担心。另一些人，部分地受背后的“主义”或运动所鼓动，宣称忠于并试图严格遵守各种特殊饮食制度的原则——从素食主义、纯素食主义、慢食运动（Slow Food），到商业性的控制体重计划，再到遵循国家营养指南。将这些看成是对过多饮食选择和害怕饮食失范的反应，并非完全不合理，但只有少部分英国人表示会严格遵守某种饮食制度。更多不善言辞的英国人模糊地遵循着属于传统的、熟悉的地方或国家饮食安排方式的那种主流的、残存的、拼凑的饮食模式。正如那些认定国家菜系的困难涉及的争论所表明的，这类人的实际饮食模式可能是多样化的和有差异的。一本关于规则的书是无法囊括包罗万象的基本原理的。对于那些刻意追求新颖和多样性的人来说，情况也是如此。

文化社会学最近关于品味的争论，围绕着“杂食性”（omnivorousness）的概念展开。简单地说，这个论点是，在20世纪大部分的时间里，精英阶层通过掌握高雅文化获得了较高的社会地位，而大众则被一种被认为是没有什么内在审美价值的流行文化所取悦。然而，20 世纪 60 年代以来，随着高雅文化与流行文化的界限开始变得模糊，社会区分越来越多地源于不同文化风格展示出的品味。在当代世界，拥有不拘一格的品味是文化能力的体现，也是文化资本的标志，而且通常被合理化和誉为社会宽容和同情心的表现。这种逻辑可以在有关餐厅偏好、食材和菜肴的选择等领域被发现。

因此，有些群体试图遵循强大的，甚至是严格的、独有的、有界限的饮食模式，在大多数情况下，他们有时会有意采用这些饮食模式，尽管在日常生活中，他们的行为将被重新惯例化，并不需要明确重申遵循该饮食模式的理由。然而，其他大多数人并没有清晰的饮食原则，或者表现出对某种明确的饮食模式的偏爱，因此，很难说他们是多数人中的其他选择的拥趸。他们是否真的对选择感到茫然或者困惑是非常值得怀疑的；他们的饮食实践缺乏明确的学术依据，但这并不妨碍他们利用共同的理解，并对许多未必一致的专业饮食推荐系统的某些特征或准则略知一二。

实践与操作指南

在实践遵循表演的集体生成、组织和规范这一系列过程的重要性上，各种实践理论存在分歧。所有的实践理论都致力于使实践相互理解，这样就有可能认识到，一系列的行动是实践（如“吃”或烹饪的例子）。这意味着可以对某一特定表演的正确性、适当性或可接受性进行评估。**实践**有其标准，如果观看者认为其是可接受的，表演就不应该低于这些标准。值得一提的是，当实践理论的表述使用如“可接受的”“合格的”或“正确的”这样的词语时，通常更好的说法是“不是不可接受的”“不是不合格的”“不是不正确的”，因为这会反映出对各种特定表演的高度宽容。这通常是可以进行选择的。但是，由于编辑会用红笔删掉这些不恰当的表达，所以我通常会避免使用双重否定。

为了解释各种**实践是**如何获得广泛认可的表演标准的，将它们作为实体进行分析将有所帮助。多样的、特殊的表演是如何形成规则和标准的制度化形式来界定可接受的实践，这很少直接作为一个社会学问题来研究。对可接受的饮食事件方式的共享模式和规范性理解，比如外出就餐或招待客人，意味着存在支配表演的共同和集体标准的传播过程。人们对这些标准的意识可以通过很多渠道得到巩固，进而传播。详细的分析需要理解中介过程的运作，这些中介过程形式化并宣传各种**实践**。我认为，共同理解产生于表演**客观化**的过程，它足以为限制可接受行为的范围提供必要的线索和提示。在公共的共享空间中的生活，无论是物质的还是虚拟的，都利用符号沟通和社会协调的模式来驾驭表演。

文本：理论的插曲

书店和图书馆、新闻机构和电视档案馆，都充斥着好的、坏的饮食实践的文字材料。与饮食领域有关的文化人工制品，常常传递着或隐或现的规范性指令。或许在试图理解饮食表演客观化时，显然首选是大量的书面材料和最近的视听材料，这些材料为正常和合适的饮食实践方式提供了指导。因此，虽然实践理论强调做甚于想，但只要不与人们做的事情相混淆，研究书面材料和视听作品并没有什么前后矛盾之处。比如，食谱书提供了许多关于烹饪实践有趣的和相关的证据，但并没有揭示饮食表演的模式，也没有告诉我们，谁在什么情况下准备了什么菜。但是，正如其他类似的饮食文本资料所提供的，这些食谱书的确提供了有关礼仪、口味和营养主题的重要证据。第一，具有部分说教功能的文本是**实践**存在的主要证据。第二，各种文本提供了表演方法的信息，人们想象用这些方法可以组织表演，即如何精心安排表演，特别是什么可以构成可接受的实践。第三，文本在组织和规范**实践**的人员动员方面发挥了作用，以便招募更多新人并使他们保持忠诚。

正如科林斯（Collins，2010）所指出的，现代世界强烈地倾向于知识的法典化。其中的一个结果是，出现了大量旨在总结和提供有效实践建议的手册、说明书和指南。这些文本通常借助对合格表演要素的评论，促进实践标准的表达和分类。沙茨基（Schatzki，1996）认为，整合性实践的表演通常会接受“正确性”和“可接受性”标准的评判，这意味着这些标准是公认的。公众认可的一个原因恰恰是大量的文本材料明确地将活动领域中的目标或目的以及实现这些目标的手段形式化。实际上，识别一种**实践**的方式是指出适当表演的形式化规范。

表演的形式化有利于个体根据**实践**的标准改善表演，其常用方法之一是描述和记录并发行有关如何做、如何做好、如何做得更好的指南，以便于公众传播。比较典型的人工制品有规则手册、自学入门书、改善表演的指导说明书、指南等。这些在社会学的意义上都是有趣的现象。实践说明书为我们提供了**实践**存在的强有力的初步证据。由于**实践**仅存在于表演能够达到某种优秀标准的地方，因此，对多数人而言，**实践**是可以改善的。实践说明书似乎也提供了事实性和公认的确凿证据，即复杂的、被广泛认同的**实践**之正确的、可接受的表演存在着潜在依据。

这为解决实践理论中如何区分整合性实践和单纯活动这个难题提供了一个可操作的标准。尽管从表面上看，这或许是个不重要的假设，但我认为，一项活动要被看作整合性**实践**，在原则上应该是可能的，因为有关该活动的书籍包括在“自学”系列书中。“自学”系列书籍有一些明确的特征。第一，这些书依据规则或事实，以适合新手的方式，提供对内容或者相关专门知识的简单或初步的解释。[1] 第二，这些书概述了表演的实质和方式，有能力的读者借此获得提供合格表演的能力。第三，这些书也将表演活动视为遵循表演的共同规范的协调性活动形式。也就是说，这些书是具有形式和内容的文本，揭示了第二代实践理论所界定的实践的基本结构。在这些文本中，实践的理解、实际程序和标准得以被描述。

这无疑是一个不充分的定义，它可以由社会学家最感兴趣的、沙茨基所说的那些整合性实践所独有的一些其他特征来补充。如果活动要被看作整合性实践，它必须是可以学习的，而且

---

[1] 这些解释常常是线性的，没有提出替代的做法或判断方法；因此，建议通常是不允许争论的，尽管旧说明书可能比当代的更正确。

得相当多的人认为其值得学习。这就需要活动有知识基础，至少包含一套基本的和共同的理解；还需要活动有一个大目标，或者一组目标、目的或者预期满意度，充分说明为获得成功的表演标准而制定指南。这需要有适合指导新手的表演规则。还要弄清楚哪种类型的表演被认为是合格的，并区分好的表演和坏的表演，这样一来，就有**足够的**理由来支持指南的法典化。整合性实践形式非常复杂，足以证明有关法典化和传播的努力是必要的。

显然，关于“吃”有很多可以说的，但它并不完全符合上述被描述为整合性实践的标准。尽管有很多与饮食活动相关的说明书，但没有哪种易于理解的文体能同时全面地介绍场合、菜单和身体吸纳过程。这就好像关于“吃”有**太多**的东西可以说。“吃”是一种特别复杂的实践形式。目前，决定如何吃得最好的必要指导分布在许多不同的实践领域，每个领域都有自己的目的和优先事项，这些是不可通约的。为此，我得出结论，“吃”不是沙茨基认为的整合性实践（Warde，2013），而是一种**混合**实践。“吃”是由不同实践环节组成的，包括长供给链的许多环节、家庭和商业的餐食制备，以及食物消费场合的安排。一些相似的整合性实践形式在指导饮食表演方面特别有影响力。在与营养教育、烹饪、礼仪和口味相关的餐饮说明书和手册中，刊登了整理过的、规范化的建议。这些自主的实践形式仅涉及饮食活动的某些维度，优先考虑自己的当务之急和目标。因此，饮食表演受制于各种相对自主的整合性实践的交叉规则，也是这些规则的复杂产物。这增加了个体精心安排饮食表演时所面临的困难，并阻碍了对饮食实践使用任何明确的、集体的和全面的规定。

餐厅指南：一段经验上的插曲

如果想一个既与“吃”有关，又能说明理性化和指导过程的文学类型的例子，那就是餐厅指南。餐厅指南用不同于烹饪书的技术说明的方式提供建议。它们既不提供明确的指导，也不提供需要遵循的规则。相反，餐厅指南根据饮食场合的体验品质而进行合理推荐。餐厅指南经过一百多年的发展，在餐饮市场的形成和味道调配等方面发挥了重要作用。高品牌知名度的餐厅指南，如米其林（Michelin）和扎加特（Zagat），提供了在很多不同国家饮食的建议。它们主要关注高端的餐饮市场，但也涵盖了餐饮业的大部分领域。比如，在英国，路边小餐馆（transport cafés）、茶馆（teashops）和炸鱼薯条餐馆都有餐厅指南。

餐厅指南具有客观化饮食实践的功能。它们从顾客的角度出发，传递和表达市场交换的合理规范。餐厅指南表面上的工具性目的是减少与消费者有关的不确定性（Karpik，2000），但这些指南也隐含地规定了适当的行为规范，包括礼仪、审美判断，尤其是品味。表演的客观化——用规范的表现形式呈现适当的、合适的或可被接受的外出就餐方式——是通过出版的文本实现的。这些文本的建议没有强制性，既不决定人们是否在高档餐厅用餐，也不决定人们会光顾哪些餐厅。然而，它们为塑造合格和杰出的表演提供了系统化的讨论和要素分类。读者被引向有良好声誉的饮食机构，因为这些饮食机构受内行评价标准的指引，越来越着眼于菜系和菜肴的时尚潮流，其优势得以明确。

餐厅指南各有不同。一些指南建立在专业评审的基础上，如

《米其林红色指南》(*The Michelin Red Guide*);另外一些则是通过公众投票制定的,如《扎加特》。一些指南明确地充当美食竞争工具,而另一些指南则更加被动,声称不干预饮食市场,只是反映市场上的现有情况。一些指南很在意其独立性,宣布拒绝刊登广告,并坚称他们的审稿人是匿名的,绝不会接受“免费餐食”,而另一些指南则没有这么严格。一些指南仅关注使用烹饪技术标准的食物,而另一些则会考虑整体用餐体验。一个普遍的趋势是,竞争加剧且业绩排名方法本身几乎成了最终的目的。这样一来,指南就界定了饮食行业优秀的标准。一些指南提供了对各家餐厅确定的或权威性的排名,但很少明确说明其判断所依据的原则,而另一些指南则相当详细地描述了食物和用餐氛围。后一种类型在口味方面可能有明显的教育效果。

一个有趣的例子是《美食指南》(*Good Food Guide*, *GFG*)。在英国,它是最为广泛引用的消费者美食指南。1951 年,《美食指南》首次出版,其内容是发现和列出英国最佳外出就餐场所。多年来,它提供了各级各类就餐场所的详细信息,说明这些就餐场所有哪些食物和饮品,以及价格是怎样的。在英国全域为公众提供饮食的商业机构中,仅有小部分被《美食指南》所收录,其收录原则是它们接近优秀的标准。

起初,《美食指南》也热衷于美食大赛活动,拉奥(Rao, 1998)称其为“自封的消费者监督组织”。《美食指南》承担了挑战当时通行的做法和倡导改变的责任。这是通过讨论好餐厅的品质而实现的。它提出了什么是可吃的和什么情况下在公共场合就餐是有意义的议题。直到 20 世纪 80 年代,《美食指南》一直自称为俱乐部，依靠其会员——任何购买《美食指南》的读者——提供他们吃过的餐厅的报告。然后，这些报告会被适当地编入下一年出版的《美食指南》。因此，它主要是一个消费者指南，旨在发现和列出英国外出就餐的最佳场所。

《美食指南》的编辑每年反复重申，其读者所提供的饮食报告是指南能产生影响的基础。《美食指南》必须始终阐明、详细说明并操作化美食的各项标准。一开始，这些标准并没有用食客的或美食学的术语表达。《美食指南》最初的目的显然很简单：仅为发现美食。但是后来，因为它卷入了市场利基的共同生产，其功能发生了变化，从编录美食地点，变为组织不同餐厅间的竞赛。从 20 世纪 80 年代起，《美食指南》开始更多地关注饮食的美学议题，并在品味话语下进行讨论和评论。近些年来，《美食指南》回归到描述、编列入选的美食场所，并对其进行排名，目前是利用职业记者的评论，主要突出餐饮业名流的意见。尽管《美食指南》的观点在形式上仍然独立，但它逐渐成为定位高端饮食市场的分类广告模式，放弃了美食竞选活动或有意的教育功能（Mennell，2003；Warde，2003）。

然而，尽管表面上是购物指南，但餐厅指南实际上是潜在的集体性学习工具，通过它可以了解烹饪和饮食的当前趋势和流行标准。它专注于市场交换的行为，忽略了阅读指南与将指南作为选择餐厅的工具两者间的差异。与食谱书一样，餐厅指南既是文学资源，也是决定做什么菜或去哪里吃饭的工具。人们可能会读到关于一家餐厅的信息，但可能除了在其想象中，他们并没有打算在那里用餐。那些提供了不同餐厅菜单细节的指南，或者有关餐饮业现状的社论和专栏文章的指南，不仅是那些担心吃得不满意的旅行者方便的地名录、教育资源、培养对餐饮业产品进行批判的资源，也是了解美食的途径，是和朋友聊天的话题，是追逐文化潮流的手段。这些指南以文学的形式提供了美食实践的一些参考标准，并有助于审美标准的形成及品味判断能力的提升。总之，餐厅指南是消费者与餐饮利基市场生产者的中介。指南的内容和面向读者的方式，伴随并促进了外出就餐实践的发展。

混合实践的中介

许多饮食建议可用于改善饮食行为的各个方面。这些建议集中在指导如何进行与“吃”相关的**实践**的文本上。这些文本往往仅专门研究“吃”的某些要素，没有一种类型的文献涵盖所有相关的领域。这不仅意味着缺乏一套关于如何进行饮食实践的综合指导，也意味着每一类型的建议往往会显得互相矛盾。美味和身体健康未必能画等号。

美食学领域可能被认为是饮食指导说明书最有前景的来源，该领域声称对一些饮食实践要素的判断具有权威性。美食学文本——正如弗格森（Ferguson，2004）所指出的，它在很大程度上是一种文学性的尝试——密切关注菜肴、口味和宴席的社会安排。美食学带有强烈的美学风格，也坚持恰当地精心安排饮食事件和菜单。然而，尽管美食学十分注重食材，但它通常不太关心营养问题。美食学也没有保持对身体吸纳的兴趣，而身体吸纳是布里亚-萨瓦兰（Brillat-Savarin，1994［1825］）的经典著作《厨房里的哲学家》（*The Physiology of Taste*）的突出主题。无论美食学有多大潜力，它对大众如何去吃的理解都影响有限——至少在法国以外地方的影响有限，普兰（Poulain，2002a）认为，美食学在法国有特殊的和特定的影响力。在北美、英国和北欧，美食学的实践和组织都很少。这些地方的美食学是精英的消遣，对普通人或日常饮食行为影响不大。相对便宜的食物和外出就餐机会的增多，已经为更大范围的人口带来了自诩高审美标准的用餐体验。“美食家”（foodie）这种形象，在北美和英国是被温和嘲弄的对象，这表明公众对高品质的、以真实性和有品味的创新为特征的独特饮食方式有更高的热情（de Solier，2013；Johnston and Baumann，2010）。“美食家”受美食学传统的语言和倾向的熏陶，沉浸在这种美食话语和实践中不能自拔。这些美食热衷者首先会使用审美标准来指导他们一些表演的整体的精心安排。但是，正如朱利耶（Julier，2013）的证据所表明的，这种影响仅适合特殊的饮食场合，并且仅影响中产阶级的较高层。大部分日常饮食可能仍有自己的一套方式。“美食家”是能力有限的少数人，也缺乏改变多数人行为的动力。在某种程度上，美食承诺是社会区分的排他模式，因此将这种实践传递给其他人，可能是令人厌恶的。另一方面，像“慢食运动”这样的团体有政治理由来改革影响食物生产和消费方面的制度。提高广大民众的审美期望是扩大美食供应的基础。这种混合了经济、交际和审美目的的运动是否会在未来产生更大影响，仍需拭目以待。

许多其他实践也广泛存在，可能对精心安排饮食有更大的影响。这些实践由政府资助或由有财有势的大公司支持，被认为更有工具性、更有目的性、更有组织性，且会获得更多的媒体关注，能吸引大多数人。比如，大量资源通过被细致监测的营养饮食来促进身体健康。医学和营养科学提供了许多广受欢迎的讨论，这些饮食资讯不断出现在大众传媒、医疗咨询、政府活动、专属饮食、学校课程等方面。它们主要以简化形式精心安排饮食表演，因为它们关注食品的化学性质与身体吸纳的健康和效率维度之间的关系。但是，它们目前传播着非常有影响力的信息，调查显示，西方人很了解饮食建议。关于如何健康地“吃”的规则被人们恭敬地接受，但在实践中并没有被持续或认真地执行。人们不遵守这些规则的原因有很多。一些人难以把营养指南转化为美味的“菜单”。另外一些人认为，世俗的日常生活环境影响他们对这些规则的遵守。还有一个原因是，食物制造商和零售商提供了相反的信息。许多食物都是通过广告、超市货架、街道标识、品牌形象等一系列碎片化信息进行宣传的，而不是基于这些食物的营养价值。

饮食建议的第三个重要来源是社交礼仪指南。复杂的社会有一系列驾驭社会交往的适当模式的期望，这些期望在礼仪书籍中得到了体现。礼仪书籍盛行于社交礼仪更多的时期，恰当的举止依据行为得体的规则得以表达。在明显的社会流动的背景下，礼仪书籍的主要功能之一是指导人们了解社会地位更高的人群所能接纳的不同行为。这类书籍以指导读者学习礼仪的名义，包含了道德、礼貌、隐私、地位与社会角色等内容。礼仪文本仅涉及饮食的某些方面，但在这些方面产生了持续的影响。这些文本主题主要与在家款待客人有关，包括主人和客人的义务、应有的尊重、礼物和赞美、谈话的主题、身体管理、餐具的使用和何时允许用手吃东西。通常情况下，这些主题很少涉及应该吃什么，而是关注食物的呈现方式。朱利耶（Julier，2013）对美国宴请现象的研究表明，在20世纪，随着中产阶级的宴会变得不那么正式，宴会已经不再依赖仆人的劳动，而更多地受到亲密友谊观念的影响，文本中的建议也发生了改变。尽管可能很少有人读过这些礼仪说明书，但它们仍然产生了影响，因为这些说明书留下了有序组织饭局的文化范本。如今，资产阶级的礼仪不仅被认为是家长制的，也被认为是神经质的、不真实的和过于客套的（Kaufmann，2010）。然而，饮食礼仪是父母煞费苦心让孩子学习的东西。在英国，许多CCSE项目的受访者坚持认为，和孩子一起在餐桌上吃饭有重要意义，这不仅可以教授孩子饮食礼仪，也会加强家庭的团结。正如一位年轻的女受访者所说：“特别是如果有孩子在旁边，我认为，他们学习如何在餐桌上恰当地互动是很重要的。”着装规范仍然存在，在特殊就餐场合要装束得体，相反，大多数休闲的短途旅行中在外就餐时就可以穿着随意一些。用餐安排的非正式化，只是20世纪后期礼仪普遍非正式化的一个方面（Wouters，1986）。但是，需要注意的是，在饮食规则变得不太明确的同时，饮食礼仪仍然很重要，甚至提出了更加复杂的挑战。

如果说饮食礼仪的公共指南正在减少，那么烹饪书籍的影响力则在不断上升。烹饪是一种典型的整合性实践。每年有数以百计的烹饪书籍出版，这证明了一种发展良好的**实践**和众多参与者的存在。烹饪书既是对厨师过去所做工作的理想化和形式化的记录，也是对当前和未来的烹饪进行咨询、指导和建议的工具书。

食谱的分类和编纂提供了证据，证明存在一种集体的、社会化的和可相互理解的烹饪实践，即根据食谱出版时的现行惯例准备菜肴，也许会很诱人。这些烹饪书都描述了如何用一组食材制作出一道有识别度的菜肴。但除此之外，烹饪书还描述了其他内容。一些烹饪书不仅包含食谱，还包括菜肴的历史、餐具方面的建议、关于菜单的建议（如特殊场合的上菜顺序）、对特定地域或饮食传统下的菜肴起源的讨论、营养建议等。从这些烹饪书中，可以了解到什么食物和菜肴好吃。但是，烹饪书一般很少揭示饮食的礼仪或从“吃”中获得的乐趣。其实，既然烹饪书涉及食物供给和制备，为什么不关注“吃”？不过，这些烹饪书是目前对理解“吃”有重要贡献的一种写作类型。

因此，饮食实践各个方面的建议来自对其他实践类型的反思。各类职业美食作家和组织明确地和有目的地旨在告知和指导公众如何管理表演。这些组织包括政府部门、半官方机构、食品工业、商业出版社和由爱好者成立的志愿协会。这些组织的共同作用在于客观化实践，并促进实践的制度化。所有这些组织都是致力于发展、加强和促进整体实践或更多特定实践形式的中介。它们常常在竞争环境下，试图对**实践**进行定义，并规定可接受的表演。每一种实践都会在标准和程序上存在内部争议，而参与争论既是参与者的一种承诺手段，也是持久的创新之源。因此，**实践**不是形而上的独立存在体，而是由利益相关者共同建构的。实践的中介过程及其结果披露了这些隐藏的利益，揭示了实践的发展趋势和潮流，并解释了当下的正统观念。在最近的争论过程中，最好的实践通常只是部分团体观点的暂时胜利。因此，关于如何组织饮食的各种建议存在着竞争。各方权威就安排餐食、设计菜单和管理身体的最佳方式展开了激烈竞争。

各方权威宣称自己对人们应该如何吃的普遍理解拥有合法性，这种话语上的影响力是随时间改变的。首先，宗教权威通过饮食禁忌、定期斋戒和宗教节日得以体现，长期以来是饮食行为的主要仲裁者。饮食强制令通过口头形式得以非常有效地传播。即使是现在，在日渐世俗化的欧洲社会，也仍有大量饮食方面的清规戒律被遵守，如罗马天主教会规定，周五守小斋不食荤（Sutton，2001）。其次，随着特殊专业化形式的营养科学的发展，医疗话语已对西方人的饮食习惯产生了广泛的影响（Turner，1982）。食物一直作为并再次成为维持和改善身体健康的主要医疗介入工具。20世纪后期，政府越来越多地进行干预，以扩大医学和营养科学强制令的影响力。其他权威在它们的影响下此消彼长。在西方现代化进程中特别重要的社交礼仪法典化，在20世纪后期礼仪普遍非正式化时，变得不那么重要了。同时，食物消费过程的诸多方面，逐渐根据食物的色、香、味等美学标准来评判。这部分是由于商业应酬在请客与回请中发挥了更重要的作用。

时常激烈的持久争论，并不意味着不成熟的混乱状态。在某种意义上，不同的规则没有本质的矛盾：人们可以在家吃得健康、精致，也可以在周五吃鱼。实际上，实现平衡，避免过分关注任何一个方面，是应对不同竞争性话语带来的潜在窘境的基本常识。在法国，基本原则是精准追求平衡，这被认为是其用餐形式和膳食体系的内在特征（Darmon and Warde，2014）。但是，人们经常积极地推动其中的这个或者那个模式。营养模式——以遵守政府的健康饮食规则、体重控制管理和很多专业性的专属饮食类型的形式——最近吸引了相当大一部分英国人和美国人。在这种情况下，宗教信仰、所有共餐人吃同样食物的共餐规则、稀有食物的精致风味，都不应被允许转移营养制度的忠实追随者的注意力。然而，各种模式的敌对状态大体上被下述事实所抵消，即建议在语气上很少是强制性的或专制的。当代关于吃什么的资料通常会提供建议，而不是权威性的规则，这体现了消费者选择的意识形态，即饮食偏好和选择应该由消费者自行决定。但是，这并不妨碍礼仪书籍中类规则式的指导，也没有阻止饮食制度说明书中关于不能吃什么的强有力指导。实际上，所有这些文本的关键特征在于，其隐含的信息是未被提及的食物和口味，那些在选择和汇编的过程中被排除在外的食物和口味，其价值更低。这些建议比较温和的另一个原因是，这类书是竞争性的，而且其作者和许多读者都认为，过分权威的语气不太可能令人信服。当被认为是文化中介的结果时，客观化会受制于经济和文化领域内的竞争。对表演不断进行竞争性的法典化和评价的后果之一，就是可能出现持久的混乱局面——即使这些争论的结果最初是难以预料的，而且有时**实践**的标准和内容也会出现系统性的改变。

文化中介过程对于各种**实践**的法典化和协调至关重要。**实践**的法典化是专家参与的过程，通常以书面形式，提供明确的程序，受到有关最佳实践方式的、公认的（即使存在争议）知识积累的影响。**实践**的协调包括明确一套程序、理解，以及事实上创造和强化场域的**幻象**（Bourdieu，1990［1980］，2000［1996］）。

如果整合性**实践**常常有某种形式的文本表达，那么其通常也有专门的正式组织来推广和规范这些文本。饮食实践也是如此，尽管相对于其他实践形式，它是以较弱的形式存在的。

协调和规范

将**实践**作为实体的吸引力是，它可以揭示社会协调的过程。实践受制于不同程度的社会协调和权威性规范。实践分享不单是甚至根本不是观念传播的结果，因为它也依赖权威性的指导和修正。权威有时得到法律力量的支持；许多常见的实践在一定程度上受到法律条例制约。此外，**实践**通常由处理实践者的活动和日常表演而设立的组织来规范。想一想那些职业协会和工会、体育运动管理机构、科研机构和医学院、治疗社区、行业协会，以及由钓鱼、跳舞和驾驶等消遣活动爱好者组成的大量志愿团体。这些市民社会的支柱从互助协会发展为科层制组织，通常从促进参与者之间可取的合作水平，演变为通过制定和执行程序规则来行使权力。这些组织的影响难以测量或估量，其运作也比上述讨论的出版文本更不透明。但是，这些组织在**实践**的形式化和法典化以及实践的传播和规范方面，发挥了不可或缺的作用。

实践已经制度化。制度化是社会学分析的核心概念，尽管有时难以理解（Berger and Luckmann，1966；Hodgson，2006；Martin，2004）。制度化既指组织（如精神病院），又指做事的方式（如民主选举制度）。对于伯格和卢克曼而言，制度化是社会的基础，是交互的惯例化（reciprocated habitualization）的结果，也是社会安排的客观特征的基础。同其他二战后的社会学家一样，他们用角色理论来理解客观化过程，而角色理论在最近的微观社会学中已经黯然失色，被指责为以过于死板的方式描述表演和互动。尽管如此，他们仍将制度化定义为“惯例化行动的交互类型化”（reciprocal typification of habitualised actions），它建立了“预定的行为模式”并排除了许多理论上可能的替代行动方案，这种制度化定义是一个有用的操作性定义的基础（Berger and Luckmann，1966：72）。制度化可能要让位于致力于表演的社会协调这种新立场。致力于管理和再生产实践的各种组织出现了。整合性实践常常有制度化的形式和行动者，明确而公开地致力于规范实践。因此，制度化的过程意味着可能有些正式的规则在萌芽。

专门组织的存在表明，实践已经实现了相当大程度的制度化。虽然从理论上讲，一种实践的延续仅需要持续的表演，但实践的巩固和发展更多地受有组织的推进和规范的影响。制度化形成了为实践者提供一般保证和反馈的机制。在此过程中，人们被鼓励将他们所做的事当作他们应该做的事。正常行为被认为有效，并被赋予道德或审美价值。根据实践的标准，常规程序被视为最好的，或至少是值得尊敬的行为。制度化的行为模式本身就具有一定程度的合法性。这些模式至少“暂时”获得了权威性，因为就像传统一样，它们在相关共同体或群体成员的表演中被接纳和再生产。类型化的和交互的期望不会自动地获得合法性，因为合法性必须获得，并且可以有争议、被否认或最后被取消。不过，套用卡尔·马克思的一个主张，我们一出生就身处某个历史时期的共同体中，而所有这些共同体都按照制度化的方式在运转，这是不可避免和难以否认的。

当然，与其他的日常实践相比，“吃”目前还未受到科层组织或权威规则的强烈制约。比如，可以比较“吃”和驾驶两种实践。驾驶作为一种蓬勃发展的实践，各种规章制度和组织强有力地规定了什么是驾驶，以及驾驶的标准、正当理由和条件。驾驶汽车（这种实践）是建立在可接受行为的强制性法律框架之内的。驾校大批量教授学员，政府部门对驾驶者的驾驶技能进行测试，发放驾照。路面系统和交通信号这些设施有力地引导着驾驶行为。《公路法》（*The Highway Code*）公布了驾驶规则。政府部门与驾驶游说集团（汽车协会、卡车司机协会）协商，就驾驶活动可接受的范围达成了工作共识。尽管有不同的驾驶风格，但极少有司机会藐视交通管理规范。规范和常态是紧密结合的。相比之下，“吃”有更松散的框架，更多是受习俗影响，而不受权威规则制约，既没有正式的教学，也不会由官方认证，主要是私下进行，无须针对陌生人的行为进行持续的和时时刻刻的调整，尽管社会运动和消费者组织有相关尝试，但它不会受到强大的职业组织或监管机构的指导和控制。[1] 与驾驶相比，“吃”是一种少规范性的、弱协调性的实践。

这部分是实践四个主要组成部分共同作用的结果，让“吃”在个人表演和集体制度两个层次上难以协调。整合性实践的每个

---

[1] 尽管驾驶风格各不相同，但关于成为一名好司机意味着什么，人们达成了相当程度的共识。相比之下，吃得好意味着什么，则显得不那么明确。

组成部分，都有自己的逻辑和不同的协调媒介、组织。这或许给人留下的印象是，“吃”是混乱无序的。饮食实践没有支配性的话语或规范性框架。而且，这些组成部分也没有受到严格的规范和监管。大多数关于礼仪、口味和营养的“规则”都是自由决定的惯例，而不是强制性的法令。不吃早饭，在吃正餐时给客人提供小吃，在圣诞晚宴吃芝士三明治，或用刀吃豌豆，这些可能都是违背饮食惯例的，但没有违反任何法律。即便如此，尽管没有理由进行严厉惩罚，但这些另类行为可能会受到不小的社会非议。

因此，可以认为，饮食有组织或无组织的程度和方式是有历史特殊性的。整合性实践的组成部分已经发展了几十年，有些可能发展了几百年。它们聚集在一起，足以让人在表演中识别出“在那里”的饮食。在某些情况下，它们合并成一个实体，该实体是用识别有组织的实践中枢的方式进行社会协调的。在其他时空中，协调是薄弱的。将整合性实践的四个部分进行组合，确实存在历史性的、地区性的差异。在法国，“吃”显示出高度的社会协调，直到最近，还有正式的、制度化的、智识性的、人工的饮食实践模式来具体说明这些组成部分的活动应该如何以某种权威方式进行组织和安排，结合地方风味（风土）、法国美食（烹饪）、资产阶级家庭用餐以及对饮食和品味的智识和感官兴趣，被编入美食学（Ferguson，2004；Trubek，2000；Warde，2009）。相比之下，在英国，无论现在还是过去，“吃”都是一种不那么强烈协调的实践。比如，食物供给主要由超市进行安排，部分受政府监管，部分也受社会运动对食品安全和健康的论争的影响。超市成为一个分裂的领域，通过售卖而不是“吃”来推动；主要供应商并不关心人们吃什么，而是仅为顾客提供选择。过去，用餐为“吃”提供了有力的时间、社会结构；然而，尽管礼仪、举止以及共餐人和规律用餐时间的规则曾经占据主导地位，但目前这些通常是灵活的和非正式的。此外，尽管品味判断系统的要素最近可能随着外出就餐的增多而出现（Warde，2009），但比较品味判断的目标和标准的条件尚未广泛确立。尽管有一些机构的工作影响烹饪的形式化，尤其是食谱书、教育机构和名厨制，但烹饪可能是组织化程度最高的一种**实践**。可一般而言，由于这些整合性实践以不同的速度发展，与不同的逻辑有关，它们的协调性仍然很弱。

对这些观察结果的一个反应可能是，具体研究这些机构的效果和结构，以促进机构的协调。在英国，几乎没有机构开展的工作可以达到法国美食学的文化传统所取得的成就（Ferguson，2004）。也许，慢食运动可以被视为近来试图将饮食的各组成部分构建为一种连贯的混合饮食实践。它试图根据与快餐和农业工业化相关的饮食习惯改革的智识判断，影响食物供给、烹饪技术和愉快饮食的时间节奏（Petrini，2001）。餐饮业促成了一种更为单调和普通的协调形式，它通过餐厅指南、名厨、批发业、有关食物搭配和呈现的新方法而进行制度化，创建了一个部分整合的食物供给、准备、社交模式和审美标准系统。因此，外出就餐往往比在家吃饭有更强的连贯性（参见 Warde，2004）。

结 论

本章认为，“吃”是一个实体，即是由不同部分构成的混合**实践**形式。**实践**构成的过程，已经从“客观化”和“制度化”的角度进行了概念化。本章特别对文化中介的核心活动——表演，进行了准学术化的反思。实践的各种文本使表演客观化。文化的和科层的中介机构是客观化的媒介，是实践形式化的发起者，而形式化是现代社会的一个普遍特征。实践的中介过程是充满争议的、竞争性的和聒噪的。它提供了事情是怎么做的记录，描述了什么是适合的，什么是可能的，什么是值得关注的，以及什么可能是重要的。与客观化同时存在的信息流通解释了为什么美食记者、学者或评论家之外的人们，在某种程度上拥有讨论和判断食物的能力；他们获得了一种规范性的理解，而且往往是行动的模板，这与编纂的实践版本密切相关。但是，眼下的理解包含相互矛盾的指令，并非所有人都能同样获得和理解所传递的这些指令，因此，拥有不同社会轨迹和经历的人可能会以不同方式看待这些内容。

尽管考虑构成**实践**的文本中介和客观化是至关重要的，但作为制度化过程的一部分，也必须认识到非正式互动和强制性协调组织的作用。这些整合性实践排序和组合的方式因国家而异，实际上，甚至因国家内部的人口阶层划分而异。然而，尽管许多组织致力于引导饮食行为，但这些组织产生的直接效果也许不如其他的实践。这部分是由于“吃”是一种混合实践。“吃”这种**实践**

基于整合性**实践**，而整合性**实践**不断地发展出适当的表演标准的差异化文本。另外，“吃”的普遍存在和频繁发生往往减少了强制性规范的可能性，而且大多数“吃”这种实践是在私人空间进行的。其结果是，“吃”这种实践的协调性和规范性相对较弱。缺乏主导的权威性规范框架是造成“饮食失范”现象的原因。即便如此，大多数人还是采取了一种有序而务实的饮食模式。问题的关键在于，需要彻底弄清楚这是如何实现的。实践理论在日常专门知识的程序性本质、习惯化和惯例中找到了答案，下文将对此进行探讨。

6

习惯化

开场白

如果表演不是行动者自觉地执行**实践**所规定的规则的结果，那么表演是如何精心安排或调整一致的？当泰里（见本书第103—104页）准备晚餐时，她是怎么知道该怎么做的？最直接和最正统的回答是，在正式教育和非正式社会化这两个过程中，她已经内化了这种**实践**的知识。正统的解答已经假定，人们会接受文化知识，主要是基本的价值观和规范，然后将其作为个人在社会情境中和遭遇实际困难时，进行自愿决定和自觉行为的基础及指导。[1] 所以，泰里可能知道一套关于她应该如何按照对某些价值观的承诺行事的规则，这样她的表演就可以用这些术语来解释。

---

[1] 有点类似于内化逻辑，有时被应用于实践，通过强调学习“知道如何做”而不是“知道是什么”，强调学习具体知识而不是学术知识，强调学习表演规则而不是价值观和规范。因此，**实践**与表演的关系是相对直接的。个体通过参与正式的或者非正式的学习过程，学习当前社会环境中的**实践**。他们由此获得了实践知识，通常足以成功地实现其目标。但是，这种解决方案与行动的组合模型有某些令人遗憾的相似之处。

但是，这种解释模型逐渐丧失了影响力。根据我称之为“新行为倾向”（new behavioral bent，NBB）的理论，人们提出许多反对意见。在整个社会科学和认知科学领域，越来越多的人呼吁关注非反思性的、重复性的心理和身体过程。深思熟虑的审慎的行动者模型，不符合日常行为的流畅性这种事实。认知科学认为，这是大脑中以自动性为特征的一个独特主导系统的产物。塞勒和桑斯坦（Thaler and Sunstein，2009）对这一观点进行了简单的概括，他们重申了认知科学的主张，即人的大脑有两套行为生成系统：一套是“自动”系统，它是不受控制的、天生的、联想的、快速的、无意识的和熟练的；另一套是“反思”系统，是受控制的、后天的、推断的、缓慢的、有自我意识的和遵守规则的。第一套系统更重要，因为大量行为受自动的、本能的和情感驱动的心理过程支配，所以几乎不需要深思熟虑和理性思考。其行为的后果被认为是有偏见的判断，行动者难以抵制诱惑和从众倾向。按照这种解释，消费者确实不是理性的、精于算计的、有自知之明的、有主见的行动者。而且，人的大脑不是内化知识的存储库，而是一个关系和模式的快速处理器。似乎有能力的行动者学会的大部分知识并没有以显性知识的形式保存起来，人们往往不能说清楚他们是如何完成行动的。此外，还有人坚持认为，有用的知识为人体所吸收并内嵌于体内，而心灵和身体的区分是不适当的。

在这些方面，随着社会科学的发展，围绕认知的本质及其与行动的关系的行动的组合模型及用于解释消费者行为的大量概念工具的作用正日趋削弱。然而，这还没有完全为社会学所接受，也没有被实践理论明确地吸收，尽管这对解释人们日常生活的行动方式产生了极其重要的影响。我将继续探讨如下两个要点的含义。第一，深思熟虑在日常生活中的重要性被夸大了。我们深思熟虑的频率和效率都不如我们想象得那么高。第二，过高估计了个人控制力和主动性的程度，导致我们忽视了环境（即外部的、集体可使用的、有指导合格表演机制的社会和文化环境）的重要性。这两个主要观点已被详细阐述，并以多种方式融入相互竞争的理论和学科传统。对于饮食社会学来说，这些观点为描述和解释反复出现的饮食问题提供了新的途径；因为强调行为的自动性和反应性特征会让人想到与“习惯化”有关的概念。[1]

无意识和自动性：对深思熟虑的批评

这场针对“吃”的理解的广泛的学术争论的意义首先在于对下述假设的挑战，即人们有意地**选择**他们所吃的食物。在一本极富启发性和趣味性的书中，万辛克（Wansink，2006）以许多小规模实验（部分实验是在装饰成餐厅的实验室中进行的）为基础，向我们展示了人们几乎不考虑他们的饮食，以及这如何产生了既非预期也非想要的结果。万辛克的书没有明确的理论，尽管该书分享并借鉴了心理学中的行为理论。该书的附录部分以指南的形式，给出了如何少吃的建议。书中的建议利用了独创性的实验

[1] 伯格和卢克曼（Berger and Luckmann，1966）在处理他们辩证法的第三部分，即探讨内化问题时，并没有深入探究他们在外化—客观化的论述中所建立起的对习惯化的解释。他们隐含地将学习视为获得决定和指引个人行动所需的知识，而不是培养习惯。

项目，以探讨“吃”发生的情境或环境是如何影响饮食行为的。该书以“肥胖危机”为背景——在21世纪初的美国，几乎没有人想要或者有意变肥胖——得出的主要论点是，大量饮食行为与审慎的、理性的或预期的思考无关，或者仅有很少的关联。我们在分心的状态下吃饭。

万辛克的许多实验表明，当人们参加一般的或熟悉的饮食活动时，不会进行反思。我最欣赏的实验是关于番茄汤消耗的。实验室被布置成餐厅，四座的餐桌放置其中。餐厅给每人提供一碗番茄汤。其中两个人使用普通汤碗，另外两个人的汤碗连着餐桌下的一个泵，这个泵在用餐者不知道的情况下不停地向碗中注入番茄汤。平均而言，使用改装汤碗的用餐者多喝了73%的番茄汤。通过该实验获得的经验是，人们通常不会主动地或自觉地控制食欲，因此很容易吃到撑；其中的一个被试者在被问到对汤的评价时说“喝饱了”！尽管该实验以无恶意的方式进行，但涉嫌戏弄或欺骗被试者，因为没有人在过去的日常经验中（也许除了在梦中）遇到过会自动补充的食物容器。现象学的解释会认为，通常我们的社会世界是“理所当然的”，以至于我们无须去重新评估或重新确定建立在以往经验基础上的信念。因此，我们容易受社会环境中的标识和符号影响，行为缺乏理性的思考和反思。然而，该实验同时表明，人们是怎样被视觉提示和习俗所指引和误导的。对个人而言，汤碗一般有合适的大小，人们会习惯性地把碗里的东西吃完。

许多小规模的双盲实验表明，不同的信息影响了消费水平。随餐提供的两瓶完全一样的（免费）葡萄酒，在瓶子上分别贴上原产地为北达科他州（不知名的葡萄酒产区）或加利福尼亚州的标签。其结果是，没有喝完第一瓶酒的人比没有喝完第二瓶酒的人要多得多。同样一道菜，一个相对简单的菜名比更详细和精彩的菜名更受人欢迎。鱼子酱（caviar）、法式蜗牛（escargots）、杂碎（sweetbreads）听上去比鱼卵（fish eggs）、蜗牛（snails）、组蛋白（calf thymus）更美味（Wansink，2006：134）。感官判断深受附带的或周围的物质人工制品和文本信息的影响。

虽然万辛克将“无意识”作为研究的主题，但他实际上对自动性的普遍存在进行了各种其他解释。摆在餐桌上的食物影响着我们的行为——如果餐盘更大，或者还没分好的食物被放在餐桌上，人们会吃得更多。因此，万辛克说明了不同的环境如何让人们吃了比营养科学建议的更多的食物，以及如果人们不去计算这样吃或准备这样吃的影响，他们吃的会比自己想吃的更多。生活是在一种人们部分分心的状态下进行的，这使我们能够被说服。比如，在万辛克的报告中，坎贝尔（Campbell）是一位汤品制造商，他与电台达成协议，下雨天时电台要在中午之前为他的汤打广告。在这些方面，外部环境的诸多特征，如实物及其安排、媒体信息及与他人的交往，都影响着饮食行为。非常值得注意的是，往往几乎所有共餐人在行为上会趋于一致，其结果是集体规范的重要性超过了个人偏好。

万辛克只是偶尔使用了“习惯”这个词。这可能相当恰当，因为在实验室开展的实验是孤立的事件，不能提供在很长一段时间内经常以类似的方式重复发生的行动的顺序的证据。然而，从在实验室情境下吃巧克力的研究不难推断出日常生活中的其状况。被识别的机制将产生可预测的和重复性的结果，这取决于情景设置：把巧克力放在房子里最不常用的房间中橱柜的高层，会减少巧克力的消费，而将巧克力放在用来工作的办公桌上，则会出现相反的情况。万辛克认为，非理性的一次性行为是行动者的弱点，如果行动者稍加思考，就会做出不同的决策。这部分是为了达到幽默效果；行动者不注意行动的非预期后果，因此受制于非预期后果，这可以让行动者温和地自嘲，或更可能是嘲笑他人，而不会归咎于愚蠢或贪吃。但是，这在一定程度上也是心理学偏爱不同版本的行动决策模型的结果。重复被认为是许多相同的决策经历的等价物，这是一种主流行为模式（如计划行为理论）所青睐的策略，试图通过价值观、态度和目的来预测行动。

总的来说，万辛克的研究表明，人们通常很少认真考虑食物和食物摄入。因此，在相似情形下，人们会有明显的习惯性行为倾向和强烈的重复行动倾向。只要环境及其给予的提示保持不变，行为就很可能会重复。在吃饭时，人们对食物的反应，与食物呈现和展示给我们的方式有关，如菜名、盛满的餐盘、劝菜等。用餐环境的诸多特征，共同决定了消费的水平和质量。而消费者则很容易自动地、不假思索地欣然接受。

万辛克的实验主要证实了，在无意识的状态下，环境引导着行为。他的解释比与其相反的观点更可信，这种观点认为人们有一种内在的贪吃习性或倾向，因此用大盘子吃饭吃得更多。有关肥胖问题的争论，分成观点对立的两派：一派谴责肥胖者个人严重的道德沦丧，另一派则强调环境中可恶的致胖因素。万辛克更倾向后一种观点。

因此，人们可能期望习惯在行为分析中发挥重要作用。但通常情况下，它并没有。在万辛克与索巴尔（Wansink and Sobal，2007）合作的一篇论文中，他们根据人们未意识到的每天所做的数百项决定，研究了人们如何忽略和否定了环境因素对饮食的影响。对万辛克而言，分析的对象基本上是理性的和无理性的（或者是非理性的）决定。不过，显然万辛克（Wansink，2006）在关于行为改变的建议中，的确使用了“习惯”这个词。只有在他讨论（特别是第10章，pp. 208-224）如何少吃令人发胖的食物时，“习惯”这个词才会出现。在他看来，当涉及纠正行为（至少是与肥胖有关的行为），人们反复做的事情要么是有益的，要么是有害的。重复至关重要。因此，他给减肥者的建议是，调整物质环境，改变生活习惯。在提出实际步骤的同时，与许多其他控制体重的节食书籍不同的是，他断言，“仅有一件事，强大到足以打败一时的任性，那就是习惯”（2006：218），“最好的节食是你不觉得自己正在节食”（2006：219）。

在这方面，万辛克类似行为主义的那些研究人员，他们非常反对放弃理性的和精于算计的自利行动者模型。他们用普遍的理性标准来识别非理性行为，认为该标准应被用来比较和衡量所有行为。干预的意义在于，让行动者回到有效的自利行为的正路上，从无理性或非理性倾向中解脱出来。其含义是，让行动者重新负责自己的策略行为，恢复行动者的独立自主，以便行动者寻求其应该更喜欢的东西（或者如果行动者有更好的信息，或者能预料到未来的结果，等等）。他们将行动的非理性归咎于助长偏见的思维运作方式，这势必会造成对自我利益的错觉。无意识往往会导致不良（非理性）行为的重复，因此并非行动者有意为之。然而，行动者仍然可以通过反思做其他事情，所以能为此负责。因此，肥胖会被认为是一种道德沦丧。但是，从科学的角度看，这种观点是存在问题的。如果大脑更喜欢而且常常首先借助系统1进行自动参与，那么期望人们不理会他们的无意识并停止以任何其他习惯性的方式运作是不切实际的。第一，可能不那么重要的是，这种观点既假定了实质理性定义在意识形态上的一致，这通常在政治上是存在争议的，又假定了同样备受争议的最优工具性有效策略。对实践的研究表明，对于哪些是最优有效策略通常存在着争议。第二，如果假定大多数行为是类习惯性的，这是系统1的支配地位所隐含的，那么援引个人审慎决策模型来解释行为似乎从根本上是矛盾的。无疑，把个人审慎决策模型作为所有形式的行为的模板是不恰当的。这就产生了一个问题：为什么会对其他形式的习惯性、集体性和情境性的解释如此反感？尽管行为倾向依赖“无意识”的作用（在系统1中），而且当行动者无意识的重复不可避免时，为什么还会有人坚持认为人们总是在有意识地做决定？[1]

习惯与习惯化？

越是假定人们在大多数情况下是无意识的，就越需要重视对

[1] 毫无疑问，其中的原因是一些有关自主和责任的流行观点，这与西方社会根深蒂固的个体理念相关。

“重复”的分析。[1]“新行为倾向”所揭示的令人费解的悖论是，人们很少深思熟虑，但用高超的技术和速度让有目的和合格的行动符合实际的社会背景。人们在各种活动中显示出实践能力，而对这种奇妙能力的解释仍然是比较薄弱和存在争议的。从家庭用餐或晚宴的精心安排，到防止番茄汤溅到白衬衣上，主要的协调技术只需很少的关注或努力就能实现。描述这种才能最常用的概念是习惯。但是，习惯是一个难懂的、充满争议的术语，多数研究者都尽量避免使用这个概念，或者仅在非常有限的情况下使用它。尼克·克罗斯利（Crossley，2013）提出了三个反对使用习惯概念进行分析的有力理由。第一，它带有以斯金纳为代表的行为主义心理学派的强烈色彩，该学派的观点现在已被摒弃。建立在操作性条件反射基础上的刺激—反应模型，似乎更适合实验室的小白鼠，而不适合人类。第二，对“习惯”概念的反感，源于有巨大影响力的康德哲学传统——认为人类不同于动物，因为人类的思想与兽性的身体是分离的，具有自主性。第三，很难找到一个一致的“习惯”定义。正如克罗斯利（2013：138）指出的，哲学家和理论家用不同的方式来阐述“习惯”概念，“就‘习惯’来

[1] 另一种被广泛讨论的解释认为，无意识依赖强烈的、内在的本能，无论是自然的还是遗传的，这些本能经常被认为是行为的基础。我认为该观点并不可信。无论如何，它都与实践理论的论述无关。我认为，其错误在于对文化内涵的错误估计，文化被概念化为表面上的自然物种的冲动和本能驱动的行为。在我看来，更合理的说法是，文化就好像是一种黏稠和成分复杂的乳状液，尽管它不可能完全排除冲动和本能，但会掩盖和重新形成而不仅仅是引导本能。在高度文明化的领域，比如食物消费领域，自动和无意识地进行表演与手指一碰到火就会立刻缩回来是不一样的。但是，值得考虑的是饥饿和本能的关系，在这种关系中，人们似乎在美味食物的等级上不断下移，在可怕的危机中，最终屈从于吃那些不能吃的食物。

说，因其属于日常语言，所以情况更加复杂，其意义是变化的和不确切的”。

在没有一个令人满意的、一致的习惯定义的情况下，查尔斯·卡米克（Camic，1986：1044）回顾了社会学意义上的“习惯”在不同时期的含义，提出了一个一般操作性定义：“‘习惯’这个词通常是指，以之前采用的或获得的方式参与行动的或多或少的自动意向或倾向。”习惯的这个操作性定义，很好地把握了习惯现象的范围。该领域的活动在发生前没有经过深思熟虑或计算，其行为方式与以前的场合类似，是自动地或反应性地进行的。简言之，习惯的组成部分是缺乏深思熟虑、自动性和重复。[1] 习惯和习惯化的这三个组成部分或层面以各种形式出现在多个学科的学者对习惯的讨论中。卡米克与其他许多社会学家都认为，在解释人类行为和社会秩序时，这种类型的行动非常重要。我们应该想到了韦伯关于行动的论述：

> 在大多数情况下，实际的行动往往是在其“主观意义”处在模糊的半意识或在完全无意识状态下进行的。行动者更可能模糊地“意识到”，而非“知道”他在做什么或对此有明确的自我意识，在很多时候，他的行动受本能冲动或习惯制约。（Weber，1978：21-22）

让我们来研究一下这样解释“习惯”的概念基础。

[1] 要注意的是，关于支持习惯的背景或环境，卡米克基本上没有说什么，他更关心把习惯看作一种行动的类型，而不是揭示其发挥作用的机制。

各种对“习惯”的解释用不同的方式讨论习惯的三个组成部分。这些解释探讨了行为的不同方面，这些方面不在相应的深思熟虑和反思过程中，不在关于目标的明确决策过程中，也不在为达到确定目的而进行的投射性计划过程中，这些过程包含在行动的组合模型中并界定了该模型。在本节和下一节，我将简单地介绍对当前缺乏深思熟虑、自动性和重复三者之间关系的一些其他解释。本书至少可以确定六种方法。在本章前面的一节中，第一种方法利用认知和神经科学来解释自动的、不加反思的行动的普遍性。第二种方法是一种新的习惯心理学，力图重新使用习惯概念以解释重复行为的普遍性。第三种方法使个体思想去中心化，发现了个体特性与周围环境之间的行动源泉。第四种方法源于实用主义哲学，将习惯视为人类行动的中心模式，认为基本的行为倾向在于自动重复程序，只要这些倾向发挥功能。第五，在美国，文化社会学的发展推动了一种观念，即文化不是存在于个人头脑中的东西，而是在一个外部环境中公开存在的，由此提供了指导行为的工具。最后一种是前文已经探讨过的吉登斯和布尔迪厄对实践理论的经典论述，对他们而言，制度和惯例，或者说习得的社会惯习，是实践能力和社会组织的核心。通过回顾这些论述，我总结出了一些关于哪些类型的机制和过程最符合当代实践理论的经验。

在经验心理学中，“习惯”一词是由威廉·詹姆斯（James, 1981 [1890]）于19世纪末倡导的，但随着第二次世界大战后斯金纳行为主义理论的衰落，这个词几乎不再被使用了（Darnton et al., 2011）。特里安迪斯（Triandis, 1980）重新使用了“习惯”一词，最近在一个新的研究项目中，“习惯”发展出了新的内涵。现在在心理学界，有一种家庭作坊式的理论，研究习惯在决定个人行为中的作用。正如韦普朗肯、米尔巴克和鲁迪（Verplanken, Myrbakk and Rudi, 2005）所说，这些研究的出发点是，在这个世界上重复性的行为通常多于新行为。他们将习惯界定为“习得的行为顺序，是对特定提示的自动回应，其作用在于达到特定目标或最终状态”（Verplanken et al., 2005: 231）。这种定义将重复归结为对“特定提示”的回应，建立在对习惯性的行动和有意的行动进行区分的二元论基础上。詹姆斯说，“习惯”这个词最适用于简单行为，如无聊时转动大拇指、用右手握住勺子吃东西、吞咽食物[1]，而韦普朗肯和他的同事似乎正是要研究此类行为。对他们而言，习惯是无意识地完成的，由外部提示引发，常常以相同的方式重复。因此，心理学研究的科学目标是确定简单的、单一的、可分离的行为单位的起源，并预测其后果。但是，社会学研究对这种微观层次的现象不太感兴趣，尽管由大量这样的习惯构成一系列值得分析的表演是可能的。其他的心理学家认为，仅重复本身还不够，他们指出，虽然习惯通常指的是频繁和自动的行为，但它也应该发生在一个稳定的环境中（Neal, Wood and Quinn, 2006）。对于习惯的解释，该视角更加开放和宽泛，而这也确实表明了顺序的重要性。

习惯指的是过去的行为和当前的行为之间通常有密切联系，

---

[1] 威廉·詹姆斯（James, 1981 [1890]: 107）被认为是“习惯”定义的最早提出者，他把习惯定义为“通常很简单……几乎变成了自动的行为顺序”。

并且可以用路径依赖模型解释为习惯对行为的后果有强烈的独立影响，尤其是在稳定的情境下。欧莱特和伍德将这种对习惯的观点概括如下：

> 过去的行为直接影响未来环境中的表现，而环境支持习惯的发展。在稳定的环境中，经过很好地练习和实施的行为可能会被重复，因为这些行为可以迅速地、相对轻松地与其他活动同时实施，并且只需要很少或零星的关注（Bargh，1989；Logan，1989）。实施这些行为并不需要有意的深思熟虑和决策。尽管习惯行为可能是有意的或目标导向的，但控制性的意向通常达不到意识层面，因为随着反复的实施：(a) 意向本身常常成为自动的；(b) 意向倾向于以一种有效的、稳定的和一般的形式来予以明确，强调通过行动而非行动细节达到目标；以及 (c) 意向，如同其指导的行动，往往组成更大的和更有效的单位，这些单位指的是同时发生的行为集，而不是单个行动。(Oulette and Wood，1998：65)

许多消费者行为模型并不认可“实施这些行为并不需要有意的深思熟虑和决策”，也不承认过去的行为有助于未来的行为这种说法，比如在经济学的解释中，每一个购买决策都被认为是独立的。更重要的是，上述引用段落的最后一点意味着，分析“单位行为”而不是行动顺序是有问题的，从而使有效的行为解释避开了决策，比如在购买的时候或在交往的情况下。人们有成套的整体关联的行动，这些行动构成表演的基础。

源于神经科学和经济心理学，以经典的“新行为倾向”为代表，还有那些新的社会心理学的“习惯研究”的论点，仍然将行动者概念化为完整和自主的个体，个体的身份似乎受肤色影响。社会科学的一些传统，意识到人类社会的相互依赖性，一直在尝试挑战目前这种符合常识的观念的有效性。最近的实践理论坚持认为行动者是实践的承载者，这只是许多观点中的一种，即认为个人与环境或生活环境是不能分离的，要在对行为的解释中考虑到环境的作用，就需要重新构建概念框架，改变目前泛滥的个人主义方法论和本体论。

“社会生态学”视角强调通过习惯实现行动者与环境的共生，如阿尔瓦·诺埃（Noe，2009）的著作《跳出大脑：为什么你不是你的大脑，以及来自意识生物学的另类经验》（*Out of Our Heads: Why You are Not Your Brain, and Other Lessons from the Biology of Consciousness*）。阿尔瓦·诺埃严厉批评了神经科学研究中非常普遍的（错误）解释，他坚持认为大脑不会引发行为，只是为实施行动提供特定情境可供性的管道。[1] 他认为，人类大脑是在特殊的环境中进化而成的，因此具有特殊能力。这让人类成为“习惯”的生物，其活动范围必须围绕着他们自己熟悉的社会环境。

深思熟虑的能力和智识上的努力是建立在后天习得的基本习惯和程序上的，因此是次要的。阿尔瓦·诺埃说：“专门知识的特点在于其流畅性：它是使用中的，而且准确地说，是非深思熟虑的；专家避开了那种长远的、仔细的沉思，根据唯智主义的看

[1] “神经活动让我们发展出专门的知识形式，以决定我们如何与周围的世界打交道，但是大脑只不过是所有运作过程的一部分。”（2009：127）

法，这种沉思是我们最真实的本性。”（Noe，2009：99）诺埃给出了一种更一般的情形，即在没有习惯的生活里，“在一个陌生的国家，每一天都像是第一天。没有熟悉的途径或经受过检验的策略可用来做事；没有惯例在适当的位置上作为支持。我们会审视、解释、评估、决定、执行、重新评估”。相反，支撑专门知识的是习惯与情境或环境之间的关系：“只有像我们人类这样有习惯的生物，才会有像我们一样的心智。但是习惯，至少许多习惯，是情境或环境造成的。”（2009：125）诺埃详细阐述了他的结论：“不管怎样，习惯和技能是与生活环境有关的。正如我上班的习惯路线，部分是由我所处的景观所塑造的，因此，我们的习惯通常是由实际的生活环境所促成的（即使我们的行动反过来也塑造了生活环境，这也是事实）。”（2009：127）

总之，诺埃提供了强有力的、实用主义倾向的、整体的习惯概念，他认为，习惯是人类栖居在当地环境中的手段。在所有情况下，这都会增加环境的复杂性，即环境不只是各种提示的储存库。意向和习惯之间并没有截然分开。相反，意向包含在对特定情况下行为准则的适当性的认识中。[1]

对诺埃观点的争议之处在于，脑科学家倾向于用进化心理学

[1] 实用主义者认为，习惯概念具有独特而强大的作用。惠特福德（Whitford，2002）对帕森斯关于社会化是价值和规范的内化的论述进行了实用主义的批判，他认为可以在皮尔斯和杜威的实用主义的“行动者”概念中找到居于支配地位的组合模型的替代方案：“在实用主义者的行动理论中，行为是有目的的，甚至源于选择过程，但行动者的目标不再被认为与行动的条件严格分开。”（2002：326）。由此，惠特福德认为自己能够在不摒弃某些情况下行动确实是理性的观念前提下，对范式特权发出挑战。特别是杜威否定了社会学和经济学中的其他解释所信奉的目的—手段二重性的普遍性，并且同其他实用主义传统中的人一样（参见 Kilpinen，2009），将习惯置于社会行动分析的中心。

来解释行为问题，他极少关注如何分离并解释特殊的社会行为或行动过程。他对建立在个体的内化和内生属性上的行动模型的批判极有说服力，但他的分析术语无益于像饮食活动这样的特例。诺埃的论述很少关注重复本身。在这一点上，他或许与当代实用主义社会哲学相一致，随意地使用“习惯”这个词，但坚持认为，习惯是多才多艺甚至是创造性的来源。[1] 对实用主义者而言，习惯并不像心理学家认为的那样，基于它在熟悉环境中有规律的活动来定义，而是几乎完全由其自动性特性来定义。个体将通过他们在熟练的一连串行为(行为流）中自动产生的储备的能力而生存，直到被打断。与实用主义者的解释一致，该假设是对行动持续而不是有意识的或深思熟虑的监控，当事情出差错时，这种监控就会显现出来。

最后，与实用主义者的观点**相反**，如果没有重复和对相关环境的适应性调整，很难理解习惯是怎样存在的。但是，总体来说，尽管对于社会科学来说，环境也是一个相当难的概念，但对习惯化的解释给予了非常重要的背景支持。

环境与习惯

解释习惯化，在很大程度上依赖对外部环境合理地描述。当然，没有哪个社会科学理论对行动的解释是完全忽视外部环境

---

[1] 实用主义者赞成使用诺埃的观点（如 Gronow，2011；Kilpinen，2012），但对他对环境压力的相关论述不感兴趣。

的，但外部环境的作用通常是微乎其微的。在没有对行动的个人思考以及没有计划和有意决策的情形下，需要某种形式的冲动或诱因来解释个人参加行动过程的原因。如果这不是一种内在的心理事件，那么解释在缺乏深思熟虑的情况下，仍有能力完成合格且流畅的表演的方法，就是强调外部环境在指导行为中的作用。

社会环境提供线索。当符号沟通、他者的行动和实物的结构被认为是相关的，它们就会从多方面有选择地促发活动。例如，人们吃东西不仅是因为饥肠辘辘，还因为他们看了一眼时钟、路过一个蛋糕店、参加社交活动、阅读一则广告、错过酒局或感到被冷落。所有这些不时会成为饮食行为的诱因。如此简单的模型可能会被怀疑带有过多的行为主义色彩。然而，情境是一个典型的社会学概念。在社会学传统中，背景（context）、环境（setting）和情境是解释行动的重要组成部分。社会学甚至可被界定为，研究社会地位和社会情境之间关系的学科。社会学需要一个与“环境”（environment）等价的概念，但这个概念要比那些经常用于解释个体意图和决策的概念更加详尽和复杂。要形成能把握饮食表演的习惯化特征的解释，需要更清晰地了解哪些相关现象使用了“环境”概念，以及这些现象是怎样影响或促成饮食表演的。

安·斯威德勒在一篇有影响的论文中，从社会学目的出发，开始了一系列的尝试。她重新阐述了文化的概念，否定了帕森斯式的正统理论，并认为，“文化通过提供行动指向的最终目的或价值来塑造行动，因此让价值成为文化的核心因果要素”（Swidler，1986：273）。文化是个体头脑内被收集和编排为（尤其是命题式的）知识的某种东西，这种观念被否定了。对文化运作方式的修正性解释试图放弃工具行动或策略行动的范式，而支持自动或习惯性的回应和反应发挥更重要作用的其他模式。该论点明确地反对文化是一套在社会化过程中习得的、内化的和连贯的价值观和规范，这些价值观和规范是行动的特殊成因。斯威德勒认为，文化不会用这种方式影响行动。文化并不是以一种连贯和有序的方式，内化于个体。相反，它对行动者来说大多是以碎片的形式出现的；个体所获得的文化印迹更像是一个“工具箱”，个体形成行动策略时，需要调用这些工具。因为个体内化的内容是碎片式的和无组织的，个体行动的动力往往来自外部环境的提示。对斯威德勒而言，这些提示包括在公共语境和公共空间中可找到的行为准则、可识别的背景和制度。由于“吃”是典型的文化活动，这种解释值得仔细考虑。

这种外在主义解释的说服力，要求环境包含能产生有效行为的所有符号、提示及可供性。该观点认为行动者只内化了很少的知识可能意味着，要依据习惯和反应对行为做出解释。但是，斯威德勒的观点与习惯无关，她假定行动者在心智上更具灵活性和反思性（部分是精于计算性），能够驾驭与准则、情境和制度有关的行动过程。最后，对于斯威德勒来说，似乎是积极的、有目的的个体（尽管不是一个早先已经内化了一整套连贯的价值观和规范并能自主运用的人）决定了环境的哪些方面应被认定为相关的和引人注目的。斯威德勒理论中的行动者，最终是一个善于观察的、警觉的、有辨别力的，可以有目的地使用文化工具箱的能手。这意味着，斯威德勒否认环境提示和诱因这两个机制，这些机制是生态学解释的关键，她更倾向保留个人发起行为的权力。

保罗·迪马乔（DiMaggio，1997）运用了认知心理学的证据，阐述了斯威德勒所拒绝的观点，即文化是由整个人群内化的无缝和统一的信念之网。简言之，他将个体视为大量零散图像、观点和信息的收集者，这些图像、观点和信息通过个人图式化的心理组织和与“嵌入物质、社会环境的提示”（1997：267）的相互作用，被赋予了某种程度的稳定性和一致性。他将此与前文讨论过的两种不同的认知模式（本书第132—133页）相比较，强调“自动”模式在“不加鉴别地严重依赖可用文化图式的惯例和日常认知”（1997：269）中的重要性。“自动”模式简化了认知，是高度有效的，因此被用于很多场合，尽管它并不总是准确的。大量行为受自动的、本能的和情感驱动的心理过程所支配，因此很少涉及深思熟虑或理性思考。迪马乔认为，该研究强有力地支持了文化工具箱的观点，而不是把心智模型作为复杂文化世界观的容器。

迪马乔由此认为，文化是通过大量的信息、有限数量的心理图式（压缩和组织这些信息）和外部的或客观化符号世界的相互作用而运作的。他说，图式可以通过对话、媒介使用或观察物质世界而被激活，但是，无论是哪种方式，他的结论是，“环境提供的可用的文化提示指引着选择”（1997：274）。迪马乔承认，他为文化社会学得出的结论是对认知心理学证据进行的推测性解释；然而，他对集体认同和记忆、社会分层和行动逻辑等议题做出了广泛而富有洞察力的推断。但就当前而言，应该强调的是环境的作用。如果这种论述勉强准确的话[1]，那么个人在表演中展现出

[1] 在这十五年里，认知科学的研究使这种解释可能变得更加可信。

的技巧和能力确实比以前认为的更依赖外部社会的、物理的环境（作为客观化公共文化的要素的补充）的组织方式和可利用方式。斯威德勒的基本观点在后来的发展中催生了更加激进的立场，赋予了公共环境更大的自主作用（例如 Martin，2010）。

至于“吃”，过去表演的痕迹遍布在环境中。一些是特意编纂的关于如何吃和吃什么的记录，如第 5 章讨论的食谱书和餐厅指南。一些是商业性的提示，如街上的和丢弃的包装纸上的广告、餐厅菜单。另外一些则是偶然地或随便地被存放的，只不过是一些短暂的碎片而已。所有这些都是公共文化重要的人工制品，为实践理论的论述提供了必要的证据。它们是实际使用的环境提示，这些提示作为一连串行为的诱因和影响因素。熟悉的、可被识别的和容易理解的环境有助于维持流动。先前实践的沉积，表现为经验的获得或完成，这构成了一种环境，这种环境是通过许多不协调的但相互指涉的（referential）表演共同积累而创造的，这些表演的作用在于，它们通常会让生活更加可预测、更舒适、更顺利、更安全和更令人满意。公共文化环境的内容是诺埃（Noe，2009）所提到的人类生态情境的关键特征，它使人们能够在日常生活中或多或少地有效驾驭那些需要持续衔接和实施的许多**实践**。

环境与习惯之间

人与环境的关系最近得到了更详尽的推测。越来越多的研究者认为，有关个体的传统解释是有缺陷的，为了解释人类行为，有必要假定人与环境之间存在着复杂而密切的关系。虽然说法各异，但越来越多的人认为，假定人类肤色是人与环境之间的主要障碍是不恰当的。另一种假定认为，人是自己环境的组成部分，因为他或她不可避免地、不能简单地依赖环境的特性和可供性（Ingold，2000；Kaufman，2004；Latour，2005；Noe，2009）。

另一种观点认为，人们吸纳环境的不同方面，正如“分散式认知”（dispersed cognition）或“分布式能动性”（distributed agency）概念所暗示的那样。比如，威尔海特（Wilhite，2012：90）支持“分布式能动性”的概念，认为“消费习惯的能动性，分布在身体、物质环境和社会环境中”。他认为，习惯的来源及无意识利用的知识，既体现在技能中，又体现在构成行动能力的物质人工制品和工具上。威尔海特特别强调习惯与技术的相互联系；机器记录了人们执行特定程序的方式，甚至在存在其他选择时，人们也通常倾向于重复进行以前的活动。习惯不是通过个人决策，而是通过不断重复来持续存在的，尤其是强有力的具身性习惯。他根据反思的程度及习惯可能被“认知选择和言语沟通”调和的程度，区分了强习惯和弱习惯。

下一章将进一步讨论一个悬而未决的问题，即既有学科对习惯进行解释和修正的观点，是否更有益于饮食的实践理论进路。有两种观点引起了实践理论家的兴趣，它们都声称，对行为的合理或恰当的描述将超越有意识的个体与环境特征之间的界限，而这种界限在传统的启蒙运动中是神圣不可侵犯的。忽略肤色界限，就有可能为环境和行为的关系提供新的方法。环境与个体的关系比行动的组合模型所提供的更为密切和复杂。正是环境使行为成为可能且变得明智，而且实际上，如果没有具体的环境激发，行为便不会产生。[1] 关于习惯和环境的关系的各种对立解释，未能平息当代西方社会关于肥胖问题的本质和原因的争论，这可能也会带来一些潜在的好处。

环境、习惯和肥胖：一个描述性的个案研究

大量研究试图描述和解释西方国家20世纪80年代以来越来越普遍的肥胖现象。一些评论者认为，肥胖是当代最严重的社会问题之一；另外一些人则认为，过分夸大肥胖的危害是道德恐慌的表现（Campos et al.，2006）。肥胖的原因和影响具有高度争议性。对肥胖原因的解释，往往强调两种立场中的一种或者另一种。主流的解释认为，个人对于维持体重缺乏远见和意志力，有时这相当于谴责肥胖者道德败坏，即他们无法拒绝或不能控制贪吃行为。而挑战者的立场则把肥胖归咎于致胖环境，归咎于食物生产、促销和销售带来的负面效果。主要受理性行动模式和新自由主义政治学影响的学者支持前者的“卫道士”立场，而那些受政治经济学、“新行为倾向”理论和流行病学影响的研究者，则更多地支持后一种观点。

几乎没有哪一种解释会完全忽视个人行为或社会经济背景。道德论的观点是，个人的自律行为会向制度支持的各种诱惑妥协；而环境论的支持者也很少认为，肥胖完全与个人不适当的身

[1] 有趣的是，我们可以考虑尝试确定在哪些情况下使用词语并激发“选择”的程序是适当的反应。

体管理责任无关。但是，很少有人会质疑，肥胖问题是一个需要运用政策干预来解决的社会危机。同样地，几乎没有人假定，肥胖问题仅与饮食和运动的交换平衡有关。多数人对这个问题的常识性政治框架不加批判，即认为身体质量指数（BMI）的上升是由于热量摄入和消耗的不平衡，这将本可避免的巨大负担强加于公共卫生体系。研究这一问题的行为主义者和营养学家通常会考虑与个体选择相关的小范围内的因素。相比之下，格思曼（Guthman，2011）重点关注许多潜在的、本质上是制度性的因素，而非个人的因素。她质疑许多传统的观点，如BMI的有效性以及超重是某一疾病形式的假设。更重要的是，她指出，像城市环境、食物体系和食物政策等现象是资本主义经济制度带来的自发因素。其他一些潜在的、更宽泛的原因，包括加工食品和饮品的药物性质。另外，公共供水系统中的药物和化合物很少被考虑，但它们可能是致胖环境的关键组成部分。与食物不直接相关的其他实践类型，如饮酒、休闲娱乐活动及社交仪式等的共同或中介的作用则更少被关注；通常，令人难以置信的是，人们只专注于饮食指导方针，而不顾其他竞争性的目的和目标。

如果像看起来可能的那样，许多因素导致平均体重的增加，那么值得考虑的是，实践理论的解释会强调哪一种因素。这样的解释可能首先会指出，肥胖是价值—行动分歧中最明确和最棘手的一个例子。每个人都想避免超重——人们对所偏爱的体形有着高度的共识，不管是出于健康的、审美的还是经济的原因，这意味着相对于目前的体形和国民平均体重来说要更苗条。

理论上富于启发性的例子是，个人明确寻求通过限制消费水平来控制体重。大多数西方人偶尔甚至认为自己几乎一直在节食减肥。然而，长远地看，只有极少数节食者的努力是成功的。减肥失败的程度，引起人们对卡路里摄入和能量消耗平衡理论准确性的怀疑。如果限制卡路里是减肥成功的主要途径，那么人们减肥应该比看起来容易得多。一个决心减轻体重并准备付出相当大的努力来实现其目标或目的的人（在一个不受零和博弈影响的活动中）的失败是令人惊讶的。这意味着，除了节食者不能有效地将卡路里摄入量限制在建议的范围内，还有其他原因会导致减肥失败。同时，减肥的高失败率表明，要求人们精打细算、持久地进行自我监督、周密地计划以及一味追求减肥目标的节食策略和活动是有局限性的。根据正统的理性行动和行为经济学的解释，这样的环境应该有助于减肥。但是，有效的减肥行动似乎遥不可及（Darmon，2009；Lhuissier，2012）。至少，如果个人被认为有权控制自己的命运的话，这就令人费解了。从行动的习惯性、分散性、重复性、自动性的特征，以及表演的这些方面被基础设施形式和环境提示所促进并引导的方式入手，可以更好地解释个人层面的减肥失败。

“吃”涉及很多重复的具身性程序，这些程序以非常高的频率发生，如用餐叉叉食物和用勺子舀汤，品尝和吞咽。万辛克利用自动续汤的汤碗实验清晰地阐明了人们用勺子自动地不停喝汤的过程，直到碗空。毫无疑问，他的实验对象直到吃的量超过预期很久之后，才意识到自己机械的动作或吃掉的食物量。通常，面对一碗汤，人们不会问：“我吃饱了吗？”因为吃没吃饱，主要取决于吃多少盘子里的食物。一盘是一个传统意义上的单位，暗示人们应该吃多少。不过有证据表明，随着时间的推移，餐盘越来越大（Wansink，2006：68）。这在商业环境中非常明显，过去的一二十年里，美国和英国的咖啡杯、饮料杯和酒杯的标准尺寸都在增加。还可以看到的是，汉堡的大小和快餐店鸡肉的分量也在增加。各国在食物的分量上存在差异，并且根据餐厅的地位而有所不同，其中一个经验法则似乎是，越有名的餐厅所提供的食物分量越少。但是，约定俗成的是，无论在哪一种情形下，顾客都会吃下餐厅所提供的食物量。因此，“吃”建立在指导肢体动作、时间延伸、风味欣赏的一些具身性习惯之上。这并不是说肥胖仅仅是身体习惯化的结果，“吃”的意义不止于此。但是，具身性程序特别强大，许多程序完全是自动的。

设备的可获得性是食物制备和消费的一个关键背景特征，从家用炉灶、工业烤箱到餐桌摆放，甚至是否使用餐桌，都似乎对适合吃什么有影响。基础设施可能更具限制性而不是指引性，但食物贮藏和送餐服务这些安排在特定方向上施加了压力。重要的是，许多基础设施不适合由个人来重新安排。因此，尽管我的巧克力可以放在地下室橱柜的最远处，以避免我轻易受到诱惑，但我对许多其他环境因素几乎没有有效的控制，如主要的食物供应制度，市郊—超市—汽车—冰箱—微波炉，或者上班途中吸引我注意力的食品商店的位置。公共基础设施并不能决定人们的习惯，但它确实发出了一些暗示，通过许多吸引人的饮食机会刺激、提出或创造出之前人们未曾感觉到的饮食需求，在物质和象征层面上为“吃”提供可能。在这方面，实践理论与致胖环境论的观点一致。

构成“环境”的社会背景引导着饮食活动，传递了与个体当前目的直接相关的信息，也表达了集体习俗和当务之急。通过观察他人的行为，饮食风俗是看得见的。尽管现在用餐时间不如20世纪中叶那么严格，但用餐的时间节奏依然存在（Kjaernes，2001；Lhuissier et al.，2013；Southerton et al.，2012）。用餐的时间惯例，仍然与工作、学习、家庭事务和娱乐的节奏相适应（Brannen et al.，2013；Grignon，1993；Yates and Warde，即将出版）。

特定餐食和用餐形式的集体合法性得到了公开的表达；尽管饮食事件有一定程度的非正式化，但饮食事件的普遍模式依然存在，其特征得到名义上的公认。拉波特和普兰（Laporte and Poulain，2014）认为，法国人的肥胖程度低于英国人的主要原因是，在法国，工作场所的食堂持续提供有规律和有组织的午餐。与依赖三明治的英国人的午餐相比，法国人的午餐由专业厨师准备，以主餐为模板，运用了营养平衡的理念。饮食惯例不仅有助于共餐群体在时空上的一致性，也给个体提供情感安全和社会保障，这样，个体既对他人能接受自己的表演感到满意，又可以有效地预测他人的行为。

尽管没有法律或社会权威通过惩罚来强制实施共同的饮食行为模式，但还是出现了趋同的饮食模式。克里斯蒂亚基斯和福勒（Christiakis and Fowler，2007，2009）利用不同肥胖者的社会网络，阐述了饮食行为的传播效应。他们对弗雷明汉（Framingham）纵向数据的分析研究了朋友间的关系，结果显示，如果朋友阿尔特（Alter）变胖，那么埃戈（Ego）变胖的风险就会增加171%。这种关联程度，随着朋友间亲密度的降低而减弱。然而，无论朋友们是否经常见面，这种影响力的效果都是一样的，而且还超出了直接接触的范围，影响到与埃戈相隔三段距离（three removes）的人。排除那些不可靠的和未经证实的解释，他们得出结论："肥胖的传播可能更少取决于模仿行为，而更多取决于接受肥胖的社会规范上的自我认识的改变。"[1]（Christiakis and Fowler，2007：377）

具身性习惯、时间惯例和社会网络中的既定规范，是实践理论特别强调的因素。它们是影响大多数人饮食活动的重要因素，使饮食活动超出了个体的控制。由于实践理论的重要性，它可能有助于更好地理解肥胖的发展趋势、状况和原因，特别是通过强调影响行为过程的情境内涵。一个连贯的实践理论可能会在具身性习惯中找到部分解释，但更一般地，是在社会、文化环境的可供性中，在饮食实践发生的物质、社交背景中得到解释。这种解释以不同形式强调了重复的影响。首先，多数饮食习惯难以被打破，尤其是具身性习惯。其次，深思熟虑是很罕见的。正如行为主义的论述所强调的，对行为持续且明确的监督需要耗费大量时间和精力，而且，即使这样也不能保证这种监督的成功。在习惯之外，其他形式的重复，比如用餐时间、内容和形式的例行化程度的高低，都引导着行为。而且，更重要的是，其他人也有习惯，也遵守惯例。由于需要预测并与之同步，这些都间接地影响着饮食行为。根据这些观察，我们可以预期，一些解决肥胖危机

[1] 他们极力强调，除了社会网络关系的影响之外，环境中更普遍的致胖特征也是相关的："在过去的二十年里，社会发生了巨大的变化，导致人们不运动，如各种节省人力的设备、久坐不动的娱乐活动、郊区设计，以及向服务经济的普遍转型。食物消费也急剧发生变化，这是由食物价格下降、营养成分和分量的改变以及增加的营销活动所导致的。"（Christiakis and Fowler，2009：115）

或者个人减肥的常见策略不太可能成功，而其他一些更关注习惯化作用的策略或许更加有效。

结　论

上述论述都认为，习惯化对于解释日常行为至关重要。这些解释认为，日常生活中，习惯有三个主要特征，即缺乏思考、自动性和重复，并强调三者的结合方式及影响。如果按照研究图式，诺埃和心理学家的观点分别位于一个连续体的两端，他们均认为，所有这些都是正确描述习惯所必需的。一些研究者看到了从系统 1 轻易或频繁地滑动到系统 2 的可能性，因此习惯未必会导致相同的重复行为。另一些研究者看到了不同程度的自动性，且对相关机制存在较大争议。还有一些研究者在“重复”的本质上存在分歧，像实用主义者一样，他们认为，“重复”没有令人信服的本质特征，而它似乎对社会学和实践理论更为重要——正如我们将在下一章探讨的那样。然而，撇开争议不谈，研究这些观点有利于深入理解实践的相关特征。

如果没有行动者的不断重复，日常表演中显而易见的合格的自动行为是不可能的。习惯、惯例和习俗主要是在实践经验的积累中学习的。在指导日常行为上，实践经验比学究式的反思发挥着更大的作用，它提供和增强了对不同类型的文化的、物质的环境的限制和潜力的理解。重复作为一个过程或一个概念，没有得到充分的研究。它并不能简单地等同于习惯。重复创造了标准而有效的程序，这些程序隐藏在表现出的模式背后，是更专业的表演过程的一部分。它不只是显示个人表演能力的问题。重复也有突生的效果，包括协调、规范和传递实践的社会安排的外部化。按照定义，重复是连续的，但它也发生在其他实践的背景下。

如果没有一个负责激发和调节表演的外部环境，就无法理解习惯和习惯化。这个过程要比由环境中的提示自动引起的行为更为复杂，正如心理学中的单位行动模型所认为的那样。但是，一般的情况是，具有复杂习得能力的行动者受到环境特性的刺激，似乎是准确的。因此，本章的目标是，描述与饮食活动的环境有关的结构特征。

尽管外部环境在解释重复性行动方面发挥了非常重要的作用，但要阐明环境线索引发行为这种观点是困难的，就像说明环境的有关特征一样困难。任何环境都是由多种实践沉积而成的。因此，这需要在相关的实践中，靠训练有素的眼睛运用选择性知觉，以及时理解合格表演所需的线索。有些线索可能会给特定的人带来令人遗憾的后果——会让他们受到诱惑和强化坏习惯。然而，除了居住在文化构建的环境中，没有其他选择，因为这些环境包含了可能令人迷惑的符号以及许多行为者和多种实践的残留物。

文化的客观化不仅发生在法典化和规范化的中介过程中，而且发生在日常生活重复的行为中，这些行为在物理环境中留下了痕迹，也留下了由非正式的、往往是薄弱的知识碎片组成的公共库存。这些薄弱的知识来源于道听途说、闲谈和舆论，通常是从第二手或第三手评论中得来的。碎片化的信息可以通过以下几种方式获得：短暂的接触、分心的状态、在公共空间中行走、对他人的大量不经意的观察和与他人的互动，以及与大众传播媒介的接触。这些文化客观化的产物，在与实际表演有关的环境中，一个接一个地，非常有选择性地被感知和理解。这些不是阅读指导说明书和服务指南的结果，也不涉及有意识地处理和内化明确的饮食知识。但是，这些饮食知识经由公共文化领域，使人们对特定实践本质的理解得以延续，并揭示了表演应该追求的标准。

7

重复及实践能力的基础

开场白

重复的行为对实践理论极为重要。要说实践是作为实体存在的，就要求在类似的实践情境中明确地识别行为反应的相似之处（由此确定某些**共享**事物——如理解、程序和承诺的存在）。[1]证明**实践**的存在，既需要个体随时间的推移重复自己的行为，又要保证这些重复行为可以在人群中被反复观察到。上一章对最近社会科学研究对习惯概念的延伸讨论，最终并没有为习惯作为行动的一般模型提供充分的理由。毫无疑问，人们有一些根深蒂固的习惯，个体经常自动地和无意识地重复这些习惯。然而，这一术语所适用的现象远不止这些，是多样化的，并归因于不同的机制和因素。出于社会学的目的，需要一套更多样化的概念来解释行为的重复性特征，以涵盖在合格表演中所表现出的灵活性和技巧性。

[1] 这同样适用于较缺乏说服力的、仅依赖循环往复的机制的实践理论模型。

学者们还没有准确把握与重复性行动有关的不同概念的实质。日常用语中有许多概念被用来描述有规律的（因此在统计意义上是可预测的）重复行为和行动过程背后的运作机制。习惯、常规做法（usage）、风俗（custom）、惯例（routine）、习俗（convention）、规矩（ritual）等概念被用于许多活动领域，尽管并不系统。这些概念通常发挥两个作用。第一，这些概念表明，重复有不同类型的理论依据；第二，这些概念将个体行为置于集体的环境中。有时，这些概念也暗示个体拥有完全私人性的惯例、习俗和规矩。然而，这些概念更有效地识别了个人与集体时间节奏（如家庭或团体用餐时间）的连接方式，并将个体行为引向集体时间节奏，还识别了被反复确认的社会群体的规范性原则（如不吃狗肉）或在适当场合以类似形式被重复的正式行为顺序（如感恩节晚餐）。在食物领域，这些行为通常都无须强制，不过，不遵守这些行为规范会使行动者面临严厉惩罚。[1] 然而，它们引导着人们的行为，且以相似但不相同的方式在众多人群中重复发生，所有这些人的行为的被接受程度都取决于他们对所接受的规范进行的适当排序。人们习惯于按照一种特定的、被认可的、符合实践感的方式行事。

通过倾向（disposition）这个概念，能深入理解实践感，以及重复对于日常能力的重要性。可以在不同情境下被复制的与生俱来的一连串行为是合格表演的实质。这就提出了两个相关的理论问题：第一，什么是表演的基本结构？第二，人们如何在他们的

[1] 如果你真的吃掉了邻居家的狗，你就可能会惹上麻烦。

表演中完成**实践**的指令，从而让这些指令以可识别的类似方式得以执行？认知科学、实用主义和文化社会学提供了实践感运作的相关线索。

实践感：经验和程序的掌控

认知科学强调，行为的自动性和速度导致了行为的非理性。人们很少坐下来思考他们下一步应该做什么。人们几乎总会确定，如何按照行动顺序继续他们已做的工作。他们总是能够毫不犹豫且有效地依据潜在目标或计划，不假思索地继续他们的行为。实施此类技能不是因为人们“思维敏捷”；这不是一个需要复杂思考和理性计算的问题，与学究式思维模型的功用无关。人们不会权衡所有的利弊，不会选择最优策略，而有可能选择最令人满意的策略，不会考虑适合种植香蕉的环境是否也适合种植苹果，不会考虑在几种可能的用途中，哪一种可以充分利用，也不会考虑他们对当下的情境做出某种反应是否有充足的理由。根据海德特（Haidt, 2007, 2012）的观点，这甚至适用于那些无须诉诸心理过程就能完成的道德行为。认知科学表明，人类行为的相互调整和有目的的流动的精妙之处，**不能**用人类在面对不断变化的情境时进行快速的复杂理性思考的能力来解释。

减弱习惯强解释力的一个方法是，将研究集中在倾向上。杜威认为，倾向可能是习惯的同义词，尽管他不喜欢倾向这个词，而布尔迪厄则让其居于“惯习”定义的中心。倾向意味着方向上的指引，尽管它没有为行动过程提供初始的动机或准确的目的。

它通常表示，如果环境需要，行动者可能会做什么。倾向不仅是指障碍被排除时的结果，而且是对所偏爱的表演的可供性。然而，倾向本身没有对目的性做出内在的实质性解释。虽然所有的行动的组合模型均假定目标是先于行动确定的，但倾向的概念只不过预设了某些习得的但主要是无意识的意向（inclinations）。倾向传递了一种不那么迫切或确定的目的意识，这和我们通常想的不太一样。比如，在“策略”的概念中，行动者采用合适的手段，以达到一个可以立即看到并可以相对准确地说出来的目的。相比之下，倾向的目的性冲动可能会被隐藏起来，因为随着时间的推移，以几乎类似的方式选择和重复的程序已经沉积下来，以至于行动者基本上意识不到，而且会发现很难再现这些程序明确的目的或依据。社会学经常使用弱策略行动中的目的性暗示，来描述一些制度安排是如何让人觉得工具性行为是被计划、精心安排和决定的，而实际上并没有明确或有意的构想或协议。相反，仅当倾向作为环境（包括能力、义务、约束和利益）和不准确地理解的目标（通过许多重复事件嵌入）并置的结果时，才会产生可以接受的结果。[1]

倾向这个概念的第二个优点是，它描述了在合适的环境中重复某些行为的习性（propensity）。我们没有必要像强习惯模型那样，根据行为的规律性来解释行为，也没有必要把行为看作回应

[1] 比如，沃德和赫瑟林顿（Warde and Hetherington，1994）讨论家庭内的劳动分工的研究表明，在英国，当家庭面临多个不同的安排时，家庭成员很少采取明确协商和共同决定的方式来进行选择，而是会考虑各成员的复杂状况、权力差别以及其他实践的影响。

环境提示的一种普遍的、恒定的、可预测的反应。[1] 在没有规定重复行为之间的间隔的情况下，这种倾向仍然持续存在。

此外，倾向不会导致这种预期，即每次将倾向付诸实践时的行动是完全相同的；相反，它保持了即兴施为的可能性，以满足新的但又不是完全无先例或陌生的情况。对于实践理论而言，倾向概念恰好是合适的，因为**实践**规定了一系列受限的（尽管未必是狭窄的，比如可接受的菜肴范围）可能的反应。个体不能随意地想做什么就做什么；对一系列相关的、可能有效的行动路线的反应，是受到限制和约束的。合格施为，意味着体会到什么样的行动过程是合适的。当涉及一套倾向和秉性时，行为通常会被有效地引导。倾向越有效，就越不需要决策的概念。过去的经验是一种不言而喻的指导或引导机制，暗示着如何根据相关的实践标准将特定情况变为优势。

倾向应该被认为是实践理性的要素或基础。关注实践理性、实践感或实践意识的灵感，源于对反思式计算的普遍性（本体论或理论上的）的怀疑。吉登斯尽管很少关注计算，但他并没有放弃反思或反身性的概念，更少将反思视为行为监控问题，更多将其视为一个娴熟的计划问题。实用主义者坚持认为，反思主要是关于行动过程出错时找到改进措施的问题，这与反身性行动的概念传递出的对精湛技能的赞美有着截然不同的印象。布尔迪厄也对反思的程度持怀疑态度。作为一个前卫的（*avant la lettre*）自动

[1] 比如，正如第 6 章讨论过的，韦普朗肯、米尔巴克和鲁迪（Verplanken，Myrbakk and Rudi，2005）提出了强有力的观点，他们将习惯界定为“习得的行为顺序，是对特定提示的自动回应，其作用在于达到特定目标或最终状态”。

论者，他不需要个人明确地表达自己的目标，因为这些目标来源于集体，是靠社会地位继承下来的，并且是从经验中习得的。经验是在特定的社会环境中积累的，对经验意义的理解是在这种环境下人们获得、促进和传播的一种集体解释，以及身边习以为常的制度性消息。这涉及社会分化的一个重要方面。

出于最实际的目的，不需要进行反思性计算，也不需要对行动过程中适当的后续步骤进行战略考虑。不排除反思性深思熟虑；一些人比其他人更经常地实践，几乎可以肯定，每个人都偶尔需要反思。但是，这并不意味着人们经常按照决策模式行动，这恰恰是惠特福德批评行动者的组合模型的地方（Whitford，2002）。智力和能力是永久有效的——人们一直在思考，他们的心智是不会失效的——但这个过程并不遵循组合模型暗含的逻辑或者阶段性。社会学的实践理论家们与其说在挑战深思熟虑的存在，还不如说是在质疑许多对行动的解释过于依赖反思性计算。吉登斯运用实践意识的概念和布尔迪厄运用实践感的概念，是为了提出如下主张：出于实践目的，我们通常不需要，也肯定不会经常诉诸广泛的深思熟虑或多次的反思。相反，人们拥有一整套可用的、被带入活动流的程序，无须停下来思考程序是如何运作的，或这些程序是否在运作。在日常生活中开展活动的有效性是个人支配诸多程序的结果，这些程序由集体维护的**实践**认可和保证，不需要对它们的实际执行（*in situ*）进行反思。[1]

[1] 如果不是因为外部环境经常变动和碰到的情况很少相同，该模型在解释变化时会有潜在的问题。

第6章对习惯的分析表明，人们通过重复无意识地完成的简单而有效的行动来显示能力。实践理论表明，能力是以相同的模式或方式，在受干扰的状态下表现出来的，与更复杂的行为过程有关。或许惯例是把握该现象的最有用的概念，它以模式化的方式传递了在时空中延伸的活动的言外之意。

惯例、风俗和习俗：与重复有关的一些概念

惯例首先是与时间有关的概念；它是指一系列的特定行动在时间上有规律的重复。相较之下，习惯至少可以被理解为一种行动倾向，不需要时间上的**规律性**，因为我可能有一种很少（如果有的话）运动的倾向。因此，尽管习惯往往是重复的，主要是因为获得习惯需要重复，以养成最初的习惯，但这与频率、规律性或排序无关。惯例是更受欢迎的社会学概念[1]，部分是因为在一个受时钟支配的理性化的科层制社会中，行为模式符合时间有序化的要求。时间惯例既是个人性的，也是集体性的，包括重复和节奏、频率和可预见性。强制性或约束性的集体惯例催生了极强的个体行为模式，并通过不断的重复实现各种实践的再生产（如泽鲁巴维尔［Zerubavel，1981］所描述的修道院的日程表）。在工业社会中，办公室、工厂的上班时间和用餐时间，发挥了类似“环境钟”（*Zeitgeber*）的作用（Grignon，1993）。

尽管习惯通常被认为不容易进入行动者的意识或被有计划地改

［1］ 吉登斯（Giddens，1984）有力地证明了例行化概念的重要性。

变，但惯例对于选择或设计经常发挥着次要作用。个体惯例有时被理解为分步的计划，最初是有意建立的，随后被执行，因为它们表达和满足了被采用的目的。但是，没有个人的深思熟虑，个体惯例同样会出现。集体惯例既不是策略性地形成的，也不是由个体决定的。集体惯例在本质上是超个体的，受到组织和权威的影响，但或多或少地约束着个体。它们往往巩固了个人习惯。有规律的用餐时间，是一个很好的例子。当集体观念根深蒂固时，个体行为受到大多数人遵守的风俗和习俗的约束，而这些风俗和习俗通过他们的服从得到强化。惯例一旦确定，就有了控制力。正如萨瑟顿（Southerton，2013）所认为的，时间安排和实践是循环往复的；惯例不仅是观察到的时间模式，还具有突生的特性。恩和洛夫格伦（Ehn and Lofgren，2009：100）把惯例描述为日常生活的组织和纪律原则，并富于启发性地利用“路线”和“路径”的隐喻来分析惯例的影响。[1] 他们问：“重复走一条路，要达到什么程度，它才能变成一条固定的路线？而这条路线又会以怎样一种习焉不察的方式被重新规划，比如范围扩大了或者缩小了？对惯例和路径进行比较的一个重要方面是，一旦路径确定，有意识的选择就会减少。大多数惯例同样是在不加考虑的情况下得以执行的。”（2009：100）

如果说惯例的概念首先是与时间安排有关的，那么这个词在另一种意义上对于实践理论来说同样有价值，它是指实际的、有序的表演安排。“歌舞惯例”也许是一个例子。歌舞惯例，从字面上和比喻性的意义来看，是一组持续时间较短或较长，依次进行的一系列步骤，它们构成了表演。表演者在舞台上的表演剧目可以被分解为

[1] 感谢戴尔·萨瑟顿，让我注意到此表述。

一系列依次完成的、由一连串具体步骤构成的动作。顺序至关重要，一般来说，基本单元的安排都是事先设计好的，或者是照本宣科，这样相关的步骤才可以在舞台上被精心安排好。出于指导的目的，这些步骤也可以被分离出来。这个过程意味着一系列习得的动作，每当需要表演的时候就可以重复这些动作，表演者对这些特定程序的步骤有很好的准备，而且特别有经验。当表演者在舞台上表演时，这些“惯例”不是实验性的，而是相当具有示范性的、优美的，通过之前在后台不断重复练习而形成的。这些构成要素可以被看作一种程序，不是通常那种受规则约束的程序，而是由表演者实际掌控的一系列熟练的、完成的、可靠的、可重复的动作。程序是可付诸实施的实践意识的体现，是行动者长期使用的活动单位，它无须更多的思考或进一步的设计，行动者也不必解释这些步骤如何被其他人模仿或者学习。这些实践惯例是人们用与以前差不多的方式，有效（或许不一定是最有效）完成大多数事情的手段。

在这样的表演中，时间往往是极其重要的。熟练地把握各项动作或步骤的时间安排，是表演流畅或表演能力的来源。一个令人安心的起点，按顺序确定各个步骤，以排练的节奏推进，确定并估计适当的时间间隔，有助于将肢体动作与时间安排联系起来。步骤的例行化，由于其复杂性，需要的不仅仅是经常重复简单的习惯。这比我们走路时，将一只脚移动到另一只脚的前面，左—右—左—右，这样不加反思的能力更为复杂。欧莱特和伍德（Oulette and Wood，1998）在描述一个流畅的习惯性表演如何超越其构成元素，并可能抹去任何记录或描述其精心安排的能力时，认识到了这一点。即使行动者或观众通过遵守规则来学习，也不可能将行动分解为基础的或基本的部分。惯例建立在重复的时空顺序之上，但仍然允许即兴施为。

建立在时间使用数据上的饮食研究，继续阐述了用餐时间上的社会模式。三餐模式在 20 世纪的欧洲仍然影响力强大。来自法国、西班牙、北欧国家和英国的证据显示，大多数人每日吃三餐，并且用餐时间集中在三个高峰期（Lund and Gronow，2014；Lhuissier et al.，2013；Southerton et al.，2012）。各国每餐的用餐时间不同，并且在特定时间用餐的集中程度也不同。2012 年，我们对英国的研究（Yates and Warde，2015）发现，绝大多数人（接近 90%）声称用餐是有规律的，通常是一日三餐。在进行调查的前一个工作日，79%的人表示吃过三餐。[1] 仅 10%的人报告称，在调查期间，他们的饮食偏离了正常的模式。这部分调查者通常是从未每日吃三餐的人，这意味着接近 90%的人遵循一日三餐的惯例。另一方面，10%的人宣称，他们没有规律性的饮食模式；而在调查的工作日中，另有 10%的人出于这样或那样的原因，偏离了正常的饮食模式。关于用餐时间，相当多的人每日的吃饭时间出现在三个高峰期，尽管用餐模式的差异比其他的欧洲国家更大。而且，与 1955 年相比，虽然 2012 年的饮食节奏与之相似，但用餐时间出现了轻微的改变和不太明显的峰值。然而，整体状况是，大部分人遵循主流的饮食惯例，为应对日常特殊情况，会有适度的偏离，还有一小部分但并非微不足道的少数群体，缺乏任何惯常的饮食模式。

因此，惯例既可以被视为时间上的规律性，也可被看作大量活动，其有效性源于活动的顺序。惯例可被分解为个体行动者习惯于

---

[1] 大约三分之二的人声称，在周末吃了三餐。

按既定顺序执行的一系列连贯的程序。集体惯例可被有用地称为风俗，这些风俗在一些情况下会被仪式化。人们使用“风俗”一词的时候，和使用“习惯”一词时一样心照不宣,但“习俗”一般被定义为一种典型的或习惯性的实践,既没有道德力量的支持,也不会被理性诉求支持。风俗描述的只是通常的情形，即某一人群中的人进行特定活动的方式。与所有这些关于重复的概念一样，风俗也有个人和集体的暗示。[1] 在风俗中往往会产生习俗，因为人们做事的方式有时会引起讨论，在某些情况下，甚至需要正当理由，尽管当事人给出的理由主要是“我们这儿就是这样的”。既然惯例是很少受到责难的，那么就有温和的指令来回答“个人应该怎么做”这个问题，以此作为习俗形式的表达。习俗是合格表演程序的指南，同时是表演正当化的工具。因此，比如，火鸡为什么会频繁出现在美国感恩节晚餐和英国圣诞节晚餐中，其解释主要依据各个国家的风俗。在数以百万只火鸡同时被消费（完全是非强制性的）的背后，一年一度的饮食惯例包含在风俗和习俗之中。

由此，习惯化可能被认为既是人类行动的一般默认模式，又在熟悉的情境下，赋予了行为相当程度的一致性和有效性。当人们通过低水平的反思，以一种有效的方式完成未明确说明的、几乎未界定的或持有的目标时，预期的结果就达到了。这并不意味着缺乏心理过程，只是该程序是被动的监控，而不是计算性的，它由惯例推动，受外部环境提示影响，于是产生了符合一般习俗的行动。一个可能的结果是，其他人既不会对这种活动感到困惑，也不会为了改

[1] 当然，后启蒙时代的大多数风俗都受到了学术界的关注，但对于那些以习惯方式行事的人来说，既不寻求，也没有说出明确的理由。

变或停止这种行动而进行干预。[1] 虽然不经常被认识到，但个体对于自控能力的判断主要取决于他们是否确信其他相关行动者会以可预测的方式行事，就像习惯了的方式一样，对于正常和自信的个人行为而言，这是有序环境的根本基础。

能力的传递

饮食训练

人们通过接触，特别是通过重复一系列的程序来学习，这些程序符合对既定**实践**的共同理解，由此产生了实践感，它通过沉积下来的倾向运作，这些倾向共同发挥作用，在面对不断变化的情况时选择有效的行为顺序。这就提出了一个问题：如何将与**实践**有关的规定传授给老手和新手，从而使行动者的能力可用来进行新的表演。

习惯化最重要的来源之一是身体动作的重复。“吃”的生理要素——在第 4 章中被认为是一套复杂的饮食动作，包括看、嗅、品尝、将食物送到嘴里、咀嚼、吞咽和消化——是饮食领域习惯

[1] 其他人旨在中断、改变或停止某项行动而设计的干预方式，对习俗而言尤其具有说服力。行为程序上的各种变化被接纳的程度，取决于什么行为是在可接受的范围内，但其总在一定的限度内。在可接受的极限点，他人会进行干预以纠正个体行为，这意味着已经到了可接受的边界。在街上，如果我喝醉或辱骂别人，人们可能会干预我的行为。我的雇主可能会因为我在工作中犯了很多错误而处罚我。也就是说，别人干涉我的行动是有正当理由的，当行为似乎超出了通常作为实践的一部分而被允许的范围时，他人就会进行干预。当然，经常进行自我监督的行动者会意识到，他们的行为在道德上或职业上会被别人认为是不能接受的，并且/或者行动过程是不可能成功的。

化的主要支撑。它们对食物偏好、进食速度、使用餐具的方式和食欲的大小都有影响。据我了解，没有多少学术工作致力于研究人们如何在饮食领域中发展被莫斯（Mauss，1973［1935］）称为身体技术的特定形式。当然，在不同的文化和个体之间，身体技术是不同的。许多身体技术必须在儿童早期学习，并且接受父母提供的断断续续的、大多不系统的训练。有关使用餐具、嘴的动作等礼仪，随后可能会得到改进。

在某些情况下，人们有目的地、高强度地训练他们的身体，以准确地形成自动的行动，这种自动的行动以不同寻常的方式瞬间生成，这被行为经济学家和认知科学家描述为大脑系统 1 的过程。布尔迪厄特别喜欢的隐喻之一，来自体育运动，即“游戏感”（feel for the game）——一种如何反应的具身性感觉，在职业运动员身上得以高度协调，他们展示出高超的在正确的时间出现在正确的地方的技能、能力和才能，为下一个动作将身体调整到最佳状态——这同样适用于日常生活中的其他活动。熟练的厨师、爵士乐手或有技巧的健谈者流畅的即兴施为，常常被归功于其拥有特殊的天赋。但是，这些更可能是逐步训练的结果。钱布利斯（Chambliss，1989）在一篇关于奥运会游泳选手的重要论文中，驳斥了天赋的观点，他认为技术是逐渐完善的，是训练期间注重细节的结果。在华康德（Wacquant，2004）对一个学徒拳击手的研究中，也可以找到学习身体习惯的类似解释。也许苏德诺（Sudnow，1978）所描述的更为贴切，显然，爵士乐手掌握的技巧更费脑力。他们通过练习，从一个门槛到另一个门槛逐步提升。而明显地，他把他的书命名为《手之道》（*Ways of the Hand*）所传递的基本信息是，在现象学和实践层面上，演奏可识别的爵士乐曲的能力是一种手工技能，双手的动作自动地先于并且独立于任何特定且专注的脑力参与。

训练的结果是使具身性程序随时可用，以便立即和自动纳入一连串的行为。“吃”的身体技术，既包括对味道的感官反应，也包括使用餐具，它们可能是相似的，通过无数次的重复，在程序记忆中被确定下来。关于“吃”的学习，主要是非正式的；它还没有出现在学校的课程中，尽管一些学校有烹饪课和家政课，直接传授食物准备和营养知识，传递一些有关吃什么的信息和说明。但是，学校的食堂可能比教室更适合于学习。[1]

随着时间的推移，从经验中学到的身体技术最好被重新描述为程序——行动者可以轻松地自动重复的事情，至少在熟悉的环境中如此。这样的程序蕴含在必要的即兴施为中，而这是细微但并非无关紧要的情境差别对合格表演的要求。这些程序是逐步建立起来的。它们在某种程度上是通过辅导形式传授的，可能需要辅导人员给予一些建议，或者是在**实践**客观化的过程中留下的物质人工制品。一篇题为“那么，布尔迪厄是如何学会打网球的?”(Noble and Watkins，2003）的文章，描述了职业网球教练的活动，他们通过口头指令（阐明“指导规则”）和同步身体示范，让学员模仿，进而干预身体程序的机械重塑。通过正式和非正式的指导，行动者可以实现表演上的技术改进，尽管几乎总是只需要大

---

[1] 越来越多的校餐研究表明，在政策、理念、分配和实施方面，国家间存在着相当大的差异。

量的重复。据说在网球界，球员重复的击球动作，会在球上留下凹槽。尽管烹饪课程、葡萄酒鉴赏课和减肥课程的确盛行，但在改善饮食技术方面的专业支持并不常见。

毫无疑问，人们有时会有意和有目的地改善他们的表演，并通过获取相关的知识和接受辅导人员的建议来做到这一点。但是，这种改变个人能力和行为的典型模式是有问题的。当政府为了让国民“吃得更好”而发布营养指南或制订“标签计划”（labelling schemes）时，他们高估了这种模式的普遍效力。行为改变了主动性，这给人们提供了信息，希望他们能照此行事，如每天喝酒不超过规定的量，或者至少吃五种水果和蔬菜，众所周知，这很容易失败。在分心的阴霾中和社会环境的共谋下，饮食的再教育经常会停滞不前。正如万辛克所说，组织饮食的基础结构中的阻碍太大，来自环境临时的和偶然的提示仅有一半被理解，传播了失败的种子。辅导并不能保证成功。

举个例子，减肥计划的证据表明，试图通过限制食物摄取的方式来控制身体的过程包括对学生进行大量与饮食混合实践的许多方面有关的再教育。米丽埃尔·达尔蒙（Muriel Darmon，2009）在对中产阶级教师为工人阶级女性开设的培训课程的观察的基础上，充分地阐述了课程内容涉及道德说教、计数和计算、自律能力、自我欺骗，以及其他适用于生活方面的规训技术。毫无疑问，与食物属性、饮食时尚和风格有关的其他信息和建议也被传授，但是，“改善”旨在发展理解和投入，这不仅针对与“吃”有密切联系的整合性实践的各个方面，也针对其他的社会和道德领域（Darmon，2009；Lhuissier，2012）。

米丽埃尔·达尔蒙所描述的间接影响意味着，饮食领域发生可喜变化的许多例子并不是明确寻求改善的结果。饮食改变不轻易服从于指导方案的主要原因是，改变的动力或因素实际上取决于一些不同的实践。伊莎贝尔·达尔蒙（Isabelle Darmon）和我开展的一项关于英法跨国伴侣饮食习惯改变的定性研究表明，和新伴侣住在一起往往是饮食发生明显改变的原因（Darmon and Warde，即将出版；还可见 Marshall and Anderson，2002）。在大多数个案中，英裔伴侣要经历（并非不受欢迎）一段以法国方式用餐的时期，他们要吃法国菜，而且往往要遵从法式的用餐安排和模式。有人可能会说，爱情，而不是教育，是饮食发生明显改变的原因。对另一半而言，要去一个新的地方生活并接受一些陌生的制度安排，这是很压抑的。比如，英国人会很感伤地评论他们的法国姻亲用餐时间长和过于正式的问题。受访者家庭用餐安排不断改变的故事也表明，对于伴侣的任何一方，工作变化是饮食发生改变的关键，因为用餐时间会被更长的通勤时间、长时间不在家或新的工作时间所打乱。但是，孩子的出生是成年人改变饮食习惯的最主要原因，它涉及新的营养规划、修改饮食制度和父母对童年饮食体验的记忆（Darmon and Warde，即将出版）。因此，受访者提到的饮食调整的常见模式常常是实践改变的结果，而与和“吃”直接相关的那些因素关系不大。研究证据也证实了对饮食行为改变研究的批判性反思所指出的，日常生活关键因素的改变为有效的饮食行为改变提供了短暂的时间，即所谓的“机会窗”。

这些考量表明，理解各种实践的相互依存性有多重要。改变其他的惯例会产生连锁效应。当改变行为的明确策略——就像大多数人以非系统方式运用的——认为工作安排、家庭协议、购物惯例等是稳定或改变的关键基础时，这些策略证明了各种**实践**并置考虑的重要性。如果社会世界主要是由各种实践组成的，那么分析它们的相互依存性就至关重要，因为改变的有效诱因往往会在相对不同的实践中找到。这就重新提出了实践的边界问题，同时将把实践作为分析单位进行研究的原则作为一个问题。一个可能的结论是，关注单个的整合性实践（比如，当人们试图减肥时，会过分关注烹饪食品的营养成分）是不明智的。由于“吃”是一种混合实践，只建议改变饮食实践的某些方面而忽略其他方面的改变，很可能是减肥失败的根源。[1]

环境中的线索和提示

行动的外部环境在解释行动的习惯化形式上，常常发挥着重要作用。一个预演的行动顺序的触发因素和在行动过程中使行动者安心的反馈信息是引导表演外部情境的重要方面。环境的相关特征包括实物、基础设施、信息和人，美国的一些社会学家试图将环境的复杂性作为文化来分析。

本书第 6 章讨论的保罗·迪马乔（DiMaggio，1997）对外部社会环境如何引导行为的论述，很容易用来解释为什么个体即使在大部分时间分心的状态下，也会倾向传统的饮食模式。他认为，“个体将文化作为不同的信息片段及组织这些信息的图式结构来

[1] 当个人制订节食计划时，很少有人关注共餐伙伴的改变，或者对口味乐趣的定义的变化。锻炼很重要，但移居国外或参加烹饪课程可能更有效。

体验”(1997：263)。因此，由于需要解释在特定情况下特定的图式结构被激活的原因，超个体的、制度性的外部符号世界发挥了极其重要的作用。按照这种解释，环境包括公共文化，是指导实际行为的大量线索或引导机制。因此，行动受到共享的和制度化的知识文化形态的影响，其中大多数可能是不系统和依情况而变的，原因之一是这些文化形态是不一致的、竞争性的和不均匀分布的。

如果文化是公共财产而不是大量的个人知识，那么在日常生活环境中，如在家里、街上和商店里，人们就可以通过标志、概念和人工制品获得文化。文化现象的许多例子（如人工制品、符号和标志、可观察到的单个和集体的他者行为）是偶然的，而且往往是在没有任何意图引导行为的情况下产生的。城市街道上许多与饮食活动有关的事物大多缺乏预期的规范效力。它们不是需要强制执行的行为的控制渠道。相反，它们是暗示和线索，是痕迹和沉积物，是许多计划外和未组织的活动的集合体。然而，这种非学术性的、非正式的交流可能是传递过程中非常有效的环节。即使是那些生活在不经常讨论食物的社交圈里的人，也不可能避开关于正常饮食方式的不断提示。其中的一种途径是媒体曝光。食物已经成为电视节目编排的一个主要元素。受欢迎的节目包括知名主厨教做特定菜肴，依据熟练程度和创新性进行评价的业余烹饪爱好者比赛，以及半幽默的、竞争性的、计时的厨艺比拼。有些频道每天二十四小时都在播放烹饪节目。特定食物和品牌的广告和软广告充斥着屏幕。此外，关于食物、烹饪和“吃”的建议及信息也遍布互联网。所有承载着出版业和电视行业信息的这些元素，都可以在网上以广播、博客、百科全书条目、商店和餐厅的促销活动以及广告的形式被不停重复和详细说明。已出版的关于食物的短文是相当多的。主厨写的自传、旅游局发布的当地美食路线、政府部门发布的饮食条例和健康建议、针对政府和食品产业的政治批评……如果认为所有这些公开且几乎普遍可用的信息和评论对个人的表演都没有影响，那将是非常奇怪的，尽管其未被研究，也没有被行动者自觉地接受或有意地加以考虑（Ashley et al.，2004；Naccarato and Lebesco，2012；Rousseau，2012）。

结果是，人们不经意就会看到冰激凌和软饮料的广告，书架上或书店里的烹饪书，餐厅门口的菜单，小餐馆橱窗里的设备，在街上吃饭或在亚洲杂货店挑选异国商品的陌生人。这些公开可用的物质文化的小玩意，是通过表演外化的众多事件的产物，未必是饮食实践本身，而是相近或相关的实践的产物。店主从事售卖食物或厨具的经营活动；公共卫生条例被刻在肉店墙上的经营许可证上；印有超市标志或产品商标的货车经过；被丢弃的比萨饼皮躺在路边的排水沟里；减肥诊所大门上的广告，告知它能提供的服务。大量标志与过去和未来的饮食有关。人们很少用学术的方式去思考这些。人们几乎不会有意识地去关注这些信息，只是偶尔会注意到。但如果经常在单一背景中，在一定条件下，标志可能会引起人们的反应。如果我很热，正在度假，一个冰激凌摊位可能会引起我的注意；如果我很饿，一家餐厅的招牌和窗外的景色可能会吸引我；我瞟一眼自己的冰箱可能会促使我去逛街买食物。物质环境和路过它的陌生人，都储存和积累着潜在的相关文化信息。在实施行动的过程中，这些标志和符号最多只能得到短暂的认可，通常情况下是被忽视的。没有一套支配行为的规则是源于这些标志。这些信息在很大程度上是不一致和相互矛盾的，很大一部分原因是它们来自逻辑上不相干的、相互对立或矛盾的实践，如经济机构试图从顾客那里获利，象征性地表达亲情和关怀，提供个人避免健康风险的策略。就像广告促进资本主义经济交换的正常化，而不是销售特定商品一样（Schudson，1993［1984］），大量对食物的顺便提及只是在宣告正常的饮食方式，而不是在促进特定的行动。但是，人们越是接受斯威德勒和迪马乔的观点，就越应该把这些在公共空间中流通的不经意和不系统的暗示和提示看作对表演的影响。

情境和对环境的反应：如何触发熟练的程序？

习惯化是循环往复性的一个重要特征，这是实践理论的一个核心观点：反复成功的表演催生了可观察到的和已知的规律性，这些规律性被制度化为合适行为的规范或习俗及其相应的实践程序。然后，习俗和程序主要通过训练（和通过对“落后者”的再教育）传递给新手，从而使随后的表演具有可识别的相似性并接近**实践**的标准。

构成**实践**的客观化理解、程序、规则、标准和判断传递给个人的程度是高度变化的。但是，学习或再学习过程的传递方式是很容易识别的。广播和小范围播送的媒体信息、广告、公共宣传活动、口头推荐、谈话以及与特定表演有关的建议和纠正，都是传递有关合格表演建议的机制。其结果绝不会是采用统一的程序和判断，因为获取这些机制的机会存在着社会差别：哪些报纸会被阅读？哪些电视频道和网站会被浏览？哪些朋友值得咨询？哪些场所被经常光顾？哪些顾问值得信任？但是，这并不妨碍产生和复制大致相称的印象，即某种做事方式比其他方式更好。在这些信息中心通常会有大量的冗余信息，传递出许多提示。对构成实践的理解、程序和约定之间的关系有一些最低限度的共同认识，通常是某一实践的参与者之间的共识。

出现的另一个问题是，**如何**利用或实施习惯化的程序。知道此时此地该做什么，是尤其值得关注的现象，尚不清楚社会科学对此是否确有合适的解释。一个符合实践理论的解释如下：人们学习可以应用于不同环境的多功能或多用途的程序。重复使用这些程序，由于这些程序通常被证明是成功的——至少它们是令人满意的，否则就会被放弃——将它们转换为统一的倾向，表现为趋向于偏爱某类程序而不是其他的。这些程序是在对熟悉的环境中感知到的模式做出反应时触发的，这意味着持续一个行动过程的适当方向，比如延长对话或互动，或细细品尝一道菜。通常，人们有信心顺畅地完成这一过程，因为在类似情况下先前的重复带来了熟悉感。人们并不经常感到困惑。当环境中的标志不一致，当该遵循的未被遵循，当不清楚如何继续或者预期的模式没有出现，困惑就产生了。人们运用他们所学到的东西，主要不是通过知识储备和深思熟虑，而是通过自动执行顺序和先前排练过的对熟悉的环境中提供的线索的回应，从而产生流畅的实践行动。这些并不完全是，当然也不只是强习惯意义上的，而且可能不是用来描述习惯的最佳表述。但是，它们从根本上是建立在执行程序的能力之上的，这些程序是大量先前实践经验的结果。[1]但是，这并不意味着这些回应将总是保持不变。

学习新口味：异国风味的案例

对实践理论的一个常见的反对意见是，由于实践理论强调习惯和惯例，因此难以解释变化。本书第5章表明，如果将**实践**视为实体，那么就可以发现一种内在动力，它源于争议、竞争和对卓越的追求，并且往往以改善或进步的名义促进个人和集体程序的发展。习俗、惯例和习惯在新的可供性和标准的影响下发生转变。转变的第二个来源是，表演所适应的环境背景的变化。“吃”以外的其他实践类型的变化——有时是全球文化趋势和美感的转向，有时是供给方面的经济变化，有时是就业模式的变化——将表演引向新的方向。在第6章中，强环境理论认为，随着社会和物质环境的性质发生变化——不同的设备和基础设施，时间排序的调整模式，标准的重新分类，参与协调和管理的新行动者——能力和表演由此将适应和发展。这让我们对近几十年来饮食习惯中一些更显著的转变背后的机制有了一些了解。我来举个例子，比如餐饮市场中以提供外国菜为特色的餐厅的增长。考

[1] 利萨尔多（Lizardo，2012）提出了一个强有力的论点，即个人的文化能力是直接从经验中获取的具身性程序，无须内化借助文化媒介传递的符号内容。参见利萨尔多和斯特兰德（Lizardo and Strand，2010：223）倡导的工具箱理论，该理论特别强调环境提供的提示和线索，由此“把先前存在于行动者心理构成中的许多认知工作，转移到其所处环境提供的制度和外部结构的世界中”。

虑到当地人要大量消费之前不熟悉的食物，如何才能最好地解释这种增长？

在本书的第1章，我注意到研究消费和食物的学者们非常正确地关注了三个过程：全球化、商品化和审美化。这些过程各自以及共同对当代饮食实践产生的影响是深远的，因为它们改变了饮食活动的环境背景。强环境理论强调了公共文化里的人、事物、秩序和路径的重要性。适应一个熟悉的环境，熟悉它的日常运作，并有能力通过重复呈现和嵌入的实际程序来驾驭环境，表演就会顺利进行。但是，当不熟悉的事项出现在行动者习惯的环境中，会发生什么？在抽象层面上，也许人们首先会努力坚持之前学到的珍贵的程序和承诺。一种常见的反应是，忽视潜在的干扰。另一种反应是，想办法将潜在的创新元素纳入一套稍做修改的程序。相比之下，有时行为者在面对环境的急剧变化时，会被迫迅速放弃以前的实践。更常见的情况是，存在着一个集体适应的过程，以不同的速度来应对改变的环境特征。在此过程中会出现新的模式，英国人对外国饮食的适应就是一个很好的例子。

在当下的全球化时代，表面上看是在全世界范围内传播了不同菜系的知识及观念。我所说的菜系并不仅仅是指烹饪，更是社会集体所必需的所有饮食要素，包括餐具、食谱、调味品、典型原料和饮食组织。[1] 现在，菜系通常被赋予空间上的分界，最常见的是被标识为国家性的——法式、意式、希腊式、泰式等。不同菜系的流传和被接受意味着有些菜系已经被许多人认为是“外

[1] 这可能是当代美食文学中正统的理解（例如，参见Gault，2001）。

国的”，这无疑是把握人们想法的最恰当的词——虽然人们大多无法描述他们“本土”菜系的定义原则，但他们仍然有一种普遍的感觉，即这种菜系是存在的，并能识别出与之相悖的地方（Ashley et al.，2004：76ff）。

外国的或“异国风味的”餐厅，在全球各地富裕的城镇中，以显著、快速但不均衡的态势在蔓延。在任一西方国家的城市中，不同国家饮食的数量在飞速地增长，这意味着人们越来越愿意体验世界上的各种菜系。在西方社会，总的来说，这在一定程度上是外出就餐增长的结果，尽管各国之间存在着重大差异；比如，相较挪威人和丹麦人，英国经常外出就餐的人口所占比例更高。随着餐饮业的发展，它所提供的产品也存在明显的差别。体现实用价值和审美趣味的主要差别的一个方面是菜肴类型。不同餐厅的差异体现在对特定国家菜系的热衷上。[1] 在任何比例的地图（国际的、国家的或城市的）上，不同类型的餐厅在空间上的系统分布是可觉察到的，且具有象征意义。在英国，当被问及最喜欢哪种类型的餐厅时，英国人几乎压倒性地选择其他国家的菜系，而不是英国的。调查结果显示，在一份有十几种餐厅类型的名单中，近一半的受访者选择了三种最受欢迎的外国餐厅之一作为他们最喜欢的餐厅类型（46%的受访者选择意式、印式和中式餐厅）。相反，很少有人（4%）选择这些外国餐厅作为他们最不喜欢的餐厅。由于最近很少有这样的餐厅开业，一定是当地人已

[1] 顺便说一句，菜系类型的本质是风味原则，即相同的主材料、相同的基本制作方法，由于调料和香料的搭配不同，在希腊、西班牙、法国、英国和芬兰会产生不同的口味（Ahn et al.，2011）。

经形成了新的、相似的口味和偏好。

在英国，人们对外国食物的反应依次经历了四个不同的阶段：拒绝、归化（naturalization）、即兴施为和鉴赏（见 Warde，2000）。亚洲食品最初遭遇了相当大的敌意和拒绝，有时还以种族主义的方式表现出来（Hardyment，1995：129-131）。但随后，如果我们根据20世纪70年代，特别是80年代的印度餐馆和中国餐馆以及外卖店的快速增长来判断的话，人们越来越多地光顾这些餐馆和外卖店（Burnett，2004）。1965年到1980年期间，亚洲餐馆和外卖店都推出了特别针对英国人口味的菜肴，并对其进行了调整，使其更符合英国人的口味；这些餐馆也把流行的欧洲国家的菜肴纳入它们的菜单。[1] 外出就餐经历的增加，为更多的“正宗”亚洲美食提供了美学空间，从而抵挡了全球饮食一致的趋势。然而，与此同时，英国厨师的即兴施为越来越多地将异国菜系的材料、搭配及风味纳入他们的菜单。20世纪90年代，许多最知名的餐厅通常设计的菜单可以说是最好地体现了烹饪谱系的兼容并蓄（Warde，2009）。

间歇性地接触异国菜系及其供应商的结果是，人们熟悉了新的食物味道，而二十年前，人们还缺乏评价这些新味道的词汇、期望和标准。从20世纪70年代起，英国人学会了各种品鉴外国美食的方法。所产生的影响之一是，使食物符合审美标准，并根据包括“英国”在内的国家菜系目录，定期对食物进行分类。正

[1] 威尔克（Wilk，2006：112-121）针对伯利兹（Belize）菜系的形成过程，详细描述了归化机制，说明了克里奥尔化（creolization）如何通过混合、浸没、替代、包装及填充、压缩、变换和推广等一系列过程来融合外来的与本地的饮食实践。

如帕纳伊（Panayi，2008）所精彩阐述的那样，呈现在烹饪书和餐厅菜单中的菜肴，在第二次世界大战后获得了国籍。在此之前，各种菜肴的烹饪起源是一个很少被关注的问题。对“外国”菜系的识别也可能带来一种新的饮食方向，即社会区分与对各种菜系的品鉴相联系（Warde，Olsen and Martens，1999）。[这种趋势在其他领域逐渐明确，现在被称为“文化杂食性”（如 Peterson and Kern，1996）。]

“外国”菜系分布趋势的社会根源，可能会引起一场有趣的争论。有几种解释被用来说明当地人的新口味。大众旅游是其中一种，移民则是另一种，新的文化和审美习俗是第三种。所有这些解释都有一定的可信度，但最后一种是最有说服力的，它说明了文化中介和改变了的社会的及物质的环境能使人们熟悉新的实践要素，从而改变饮食的习俗和习惯。我们可以确定的一件事是：并不是英国人自己决定要吃中国菜导致中式外卖店和餐饮业在英国的蔓延。

第一种是大众旅游的发展，这是最令人不满意的解释。20 世纪 70 年代，许多英国人开始去国外度假——主要是在欧洲，其中，法国和西班牙尤其受欢迎。因此，这些英国游客不同程度地接触了不熟悉的食物，并表达了对这些食物不同程度的喜爱或厌恶。或许部分游客带着新的食物偏好返回英国。但是，假期不够频繁，也不够长，无法对饮食习惯产生深刻的影响。而且，度假目的地与人们提到的那些最喜爱的美食并不相符。度假的主要影响可能在于，让人们对那些外国食物有了更多的了解，也许更好奇或者不那么害怕。

引起最广泛讨论的解释是，移民和食品贸易为小型企业提供的机会。这在美国似乎是最真实的，因为大多数证据都来自美国，整个19世纪和20世纪，美国都有稳定的新移民来源。新移民与来自同一国家的其他移民生活在一起，在该移民族群的支持下，做起了从原籍国进口食品和提供餐食的生意。随后的发展依靠吸引移民国家本地的顾客，使人们逐渐熟悉这些外国食物（Gabaccia，1998）。有着前宗主国附属国菜系的餐馆的发展趋势，在一定程度上支持了这一点；印度餐馆在英国蓬勃发展，印度尼西亚餐馆在荷兰发展壮大。但是，外国餐馆的分布与族群密度是不成比例的。更值得注意的是，这些外国餐馆的主厨都是多面手，餐馆提供的菜肴与主厨的原籍国几乎不相关。这些主厨准备的食品和食谱，甚至比一般人的会更加随意地变动。

在英国，口味的快速和普遍转变需要从饮食环境方面提供更一般的解释。当代城市生活充斥着各种饮食的人工制品和形式。广告、电视节目、店面、餐厅内饰、超市和杂货店的货架、商店的橱柜，连同关于饮食和烹饪的大众文学，不断地为人们提供线索，让人们认识到当代食物消费的多元文化性和国际性。对许多人来说，在公共场所就餐和买现成的食物在家食用的经历，强化了这种意识。餐饮业和食品制造业的经济利益让一些有时间、技能和受到经济激励的职业厨师和主厨勇于尝试，而另一些厨师则模仿他们的创新。渐渐地，分散在环境背景中的文化碎片的新特征，促使人们实施不同的行为。食物制备过程的进一步商业化与全球化和审美化相结合，传播了异国的风味。对饮食的理解、程序和标准，随着环境的转变而改变。饮食实践的各个方面都融入了新的元素，在这里是指新的口味和风味，也包括新的饮食技术，比如欧洲人使用筷子的能力。饮食的审美标准发生了变化，新的环境提示有助于识别和提供尝试新食物的集体冲动。

反思与个人计划

前文描述了一些实践可能发生变化和发展的方式，随着个体对环境新的适应催生了不同的表演，行为上的新趋势和偏好也被激发出来。这种解释强调了外部环境的动态特征，以及**实践**的组织者为引导和协调活动所做的具体尝试。优先考虑这些机制是实践理论分析的显著特征之一；其分析焦点是重复和外部情境对行为的作用，这为建立在个人选择基础上的主流方法提供了重要的修正。各种实践理论因为质疑传统的行动理论或组合模型理论对行动的解释，而对个人深思熟虑和设计项目及计划方面的解释持保留态度。传统唯意志的行动理论的倡导者对此明显的反驳是，这造成了一个错误的印象，即人们永远无法有意识地控制其个人命运。这与以下常识相悖，即个体对其全部行为负有个人责任，而且身份计划（identity projects）和生活方式选择等概念比比皆是。也许有人会问，在这种解释中，个人的反思和能动性在哪里？

相较于其他理论，各种实践理论更少关注日常生活中深思熟虑（即明确的计算和预测）的作用。但是，强调当下不费吹灰之力的判断力，绝不是要否定心理反思的普遍性。尽管研究表明，许多反思是肤浅的和无关紧要的，是为了确定和巩固已有的习惯和惯例，但思考的短暂停顿是很常见的。在餐厅中，菜单的呈现经常会让人停下来思考，以便点菜。不确定性和优柔寡断可能会延缓人们决定下一步如何做出最合适的反应。而且，当人们回顾过去的表演并考虑或计划未来的表演时，会间歇性地产生更深层次的反思。对过去表演的评价和再评价过程，会让行动者反思表演的熟练程度和效果，这有时是为了改善在随后场合中的表演，有时是为了证实自己出色地完成了任务，有时是为错误决策找到一个正当的理由，有时则是作为对往后采取不同行动的解决方案的一部分。反思孕育着对未来表演的希望和计划。[1] 当包含着梦想和计划的深思熟虑预示着未来的创新表演时，这种深思熟虑是特别让人感兴趣的。

当精心安排的表演出现障碍（尤其是随之而来的）时，反思和深思熟虑就会反复出现。首先，最直接的例子是，当一个例行的表演出错时，需要对错误进行诊断。一份被认为缺乏美感或营养不均衡的菜单，一顿有碍消化和睡眠的吃得太晚的饭，以及一道有令人讨厌的混合味道的菜，都可以成为对所学习的经验进行反思的原因。其次，有时，当资源枯竭、商业环境改变或社交圈子里的其他人接受了新的信念时，与先前一致惯例紧密相关的环境就会消失。比如接受医疗诊断，其部分治疗方法是改变饮食习惯，或者去一个新的环境，当新的环境破坏了以前的惯例，就需要认真调整以找到可接受的替代方案。深思熟虑的第三个重要原因是，需要给过去的行为找到正当的理由。尽管挑战是比较少

[1] 消费社会学相当关注“白日梦”现象，这要归因于坎贝尔（Campbell，1987）对浪漫主义伦理在消费文化中的作用的解释，以及对未来计划的设计。

的，但像吃反季节的新鲜食物或动物肉，或者把可吃的食物当垃圾扔掉等习惯，会受到道德上的非议，并且可能需要明确的理由。这些情况提供了重新评价过去的表演及对未来进行预测的机会。在这方面，实践理论是独特的，因为相关的思考被认为植根于并受限于与表演的精心安排相关的程序和所关注的事物。

正如第2章提到的，实践理论在20世纪70年代得以发展的吸引力之一是，其承诺提出切实可行的能动性概念来取代结构决定论。能动性，尤其在涉及激进政治变革的期待时，经常被等同于个人赋权，声称集体命运掌握在有个人道德和遵守政治承诺的人手中。在消费研究中，类似的一个概念是“主动的消费者”，他们的控制力比以往的解释所认为的要大得多，以往的解释认为消费者被动地接受供应链上层施加的压力。但是，该概念可能会错误定义和夸大个体的创新能力。

人们有时的确会有意识地执行计划，去改变他们自己和他人的某些实践。最明显的是，人们决定参与以前不熟悉的实践，比如开始遵循素食主义等专属饮食制度。正如博伊尔（Boyle，2011）所指出的，这涉及行为上的转变和有意识地选择一个新的身份，即成为一名素食主义者。他认为，考虑到素食主义有许多不同“级别”，新加入者很少采取更极端的、费力的做法，如纯素食主义和水果素食主义，尽管一些人随后会朝这方面发展。成为新加入者，并以专门的活动方式参与，就是为了加入有自己的规则、动机和正当理由的集体活动。此后，“职业”成为一种可能。成为这些活动的成员，会激发改进个人表演的愿望，这很可能需要反思当下的表演和更有目的地专注于表演。有时，这也培养了参与实践的组织活动，并向更广泛的公众传播的抱负。“热情”和“社会世界”这两个社会学的概念，很好地把握了日常生活中目标明确的集体活动的约定的不同阶段和水平（Gronow，2004；Longhurst，2007；Unrah，1979）。实践理论将招募、参与和程序的持续调整置于理解的中心。但是，参与集体活动仍然比个人深思熟虑和自我决定更有解释力。人们追求的职业通常采取实践组织所指明和提供的形式。能动性不必与反身性混为一谈，也不应该被简化为建立在通过个人反思进行自我决定的能力基础上的个人赋权。

个人在饮食习惯上的发展和改变，通常更多的是在已有的其他实践类型之间不断变换的问题，而不是根本性的创新。“吃”尤其不可能充当创新的先锋。儿童在有能力进行概念化、支持或者实践其他重要方法之前，就已经建立了成熟的饮食模式。饮食习惯的改变必须是一个不断修正的过程，因为不可能完全从头开始学吃东西。即使是彻底改变的过程，也往往是在各种可供选择的饮食模式中进行选择的问题。得到广泛宣传的专属饮食的激增是当前饮食领域的一个特点；宗教信仰、健康观念、政治承诺和审美考虑等都影响、促成并支持许多饮食选择。成为素食者是一个有趣的例子，因为这并不需要额外的经济资源。虽然这可能被认为是一个自我的计划，比如在访谈中，素食者会在回顾中经常谈到他们经过考虑的、有理有据的个人计划过程（如 Beardsworth and Keil，1997：235），但成为素食者也是社会建构的。这是通过一个长期存在的、热衷于吸引追随者的社会运动的机构来组织和协调的；因此，它可以被认为是社会动员的一部分。它的传播在一定程度上是基础设施的问题；比如，英国的饮食设施和氛围比法国更有利于发展素食主义。它也被证明对社会特定群体具有吸引力，如年轻人，特别是年轻女性，是最有可能的“皈依者”。饮食习惯的转变或者职业的发展会遵循一定的模式，而变化永远不会停止；许多人皈依素食主义，但素食者在英国人口中所占的比例似乎保持不变。

转换的概念虽然经常被使用，但可能会产生误导，它暗示了有意识的深思熟虑，而事实上调整的过程往往既不突然也不果断。当人们开始计划改变他们的实践时，如果他们有明确的社会支持，而不是完全依靠意志力或意图，他们就更有可能成功。有证据表明，长期来看大多不成功的减肥餐食，如果在课堂或诊所中，与他人一起进行，个人的努力得到了社会支持，则更可能产生效果。集体计划和有同伴支持的良好环境，使个人行为发生改变的可能性更大。

结论：实践中的重复

所有的实践理论都需要对个人和人群进行的重复性的、类似的表演的作用，做出令人信服的解释。实践理论还没有找到一致的术语来解释行为的诸多重复性特征。身体技术最容易从习惯的角度被理解；重复使人产生自动的反应。但是，重复现象是如此广泛、意义重大和复杂，以至于它不能被任何已有的习惯概念所概括和穷尽。各种习惯的概念，通常被认为范围过于狭窄。风俗、惯例、习俗和规矩这些概念，都认为习惯化是一种集体的或社会的属性，并由此让深思熟虑和决策脱离了解释的中心，增加了习惯化概念的灵活性。

其不可避免的时间特性有利于对有序的、连续的行为进行概念化，使分析焦点避开了典型的单位行动。一连串的行为是社会学对实践进行解释的恰当对象，特别是通过精心安排的表演这一观点来对“吃”进行解释。从理论上讲，将能力视为倾向和程序的结合，似乎是有价值的。倾向意味着目的性的意向一旦被触发，就会与包含在习惯化里的自动性偏好相一致。无论是心理上的还是身体上的具身性程序，都是即刻将倾向与行动所需的情境进行匹配的工具。程序建立在对实践认识的基础上，从个人学到的全部技能中被选取，以适合当下的情形。实践感和自动的程序往往涉及对各种设备的操作，引导着合格表演。吃饭的场合、点菜和吸纳过程，都是根据既定的惯例和习俗来精心安排的，并以一系列的饮食表演形式付诸实施。

任何**实践**都是由理解、程序和约定构成的，这种实践的关系体，出现在合格表演中，它需要学习的机会，包括学会识别和理解周围环境的特征。但是，一旦心理和身体的明确界限被打乱，重复的过程和对环境的敏感度对于解释许多类型的社会行动就会有更重要的意义。因此，环境或背景在解释中发挥着重要作用。知识一经内化，就会通过塑造和影响行为的线索和提示、可供性和阻碍来实现其有效性。根据特定实践的逻辑来“解读”情境的能力，对于表演的构建至关重要。环境是复杂的，但实践感恰恰善于识别环境的提示并找到解决之道，以达到**实践**的一般目的。明确的文化中介发挥了一定的作用，但通常不是以学说或学术的方式。文化中介对实践知识、程序和标准的影响，正如人们谈论和合理化他们的饮食习惯的方式所反映的那样，是绝不可忽视的。但是，文化中介仅是诸多影响因素之一，其确切的影响还不能准确估量。

本章断断续续地提到了在表演中表现出来的混合饮食实践中的不同能力。与**实践**有关的指令被传授给各层次能力水平的参与者，从新手到专家，这样的能力可以用来开展新的表演。对实践如何传递的一个简单解释是，人们通过经验，尤其是通过重复，学会了与对既定**实践**的共同理解相一致的成套程序，由此产生了一种实践感，继而沉积为各种倾向。实践感的作用是在面对不断变化的情境时，选择有效的行为顺序。

从这个角度来看，最终我们可以更好地理解表演的本质。表演是由经验丰富的行动者在相关情境下做出的以其倾向为基础，运用习惯化、惯例化的程序，并通过经验、模仿和重复得以具身化的行为顺序。这种行为顺序能够与环境和情景相适应，可以充分利用各种对象和工具，并根据公认且明确的评价标准得到同一社会圈中的人们的一致认可和赞同。因此，令人信服和简洁的解释将集中于倾向（理解和规范）、对程序的掌控（主要是具身性和涉及物质人工制品的使用），以及公共文化环境中有关惯例和习俗的提示，这些提示是行为的触发器和持续行为的保证。

8

结论：实践理论和外出就餐

实践理论的承诺

各种实践理论为社会世界的运行提供了一个独特的视角。当应用于饮食领域时，它们引起了人们对习惯化现象的关注，即卡米克（Camic，1986：1044）所描述的或多或少的自动性倾向或偏好，以介入之前采取或获得的行动方式。再现之前获得的行动方式，可根据一系列机制得以解释，这些机制包括惯例、社会网络、环境提示和制度化的奖励体系，它们引导着行为，这样个体就可以以相似的方式有预见性地重复表演。因此，实践通过强化实施适当行为的观念和付诸行动得以再生产。适当行为与其说是建立在价值观、态度、计算和有意识的策略设计之上，还不如说是建立在所学到的程序之上。对一系列技术和程序的掌控，被认为是根据共享的实践标准实施源源不断的适当行动的可选择的方式，这有助于形成可靠的、可预见的表演。这不是遵守规则的问题，也不是把已形式化为**实践**的明确的原则或技术牢记在心。相反，它本质上是一种具身性（虽然不是无意识的，心理过程也未缺失）能力，在之前经验的基础上，通过实施预期产生的一连串有效行动的程序，对既定的不断发展的情况做出反应。这样的经验可能不仅仅是行动者的个人或直接经验。之前的经验，既是作为集体的也是作为个体的来储存的，是在集体监督的环境中获得的。特定情境下的倾向和对需求的认识，催生了有效的和相关的表演。在学习程序的过程中，重复是重要的，但由于不同情境提出不同的挑战，即兴施为是正常的，因此重复的次数还不够。倾向是生成的，并且只要不是单个程序，就可以根据当时的环境或情境产生不同的反应。因此，无须深思熟虑或计算性的决策过程，行为方式也可能是完全有效的。

由此，与组合模型所强调的形成对照，实践理论强调的活动要素，特别像习惯化、实践理性、惯例和习俗、有限的深思熟虑、一连串行动和行动顺序及倾向，成为实践分析关注的重点。有了这些被强调的要素，就有可能找到一个更详尽、更全面、更可信的饮食理论解释。

饮食的理论分析，始于将“吃”作为科学的对象。这涉及确定饮食活动的三个构成要素，这些要素在大多数情况下——如果不是所有情况——是通用的，尽管我提出的特定术语是针对当代背景的。饮食研究必须探讨社交场合、食物选择和身体吸纳的过程。在日常众多的饮食消费表演中，研究这些要素被精心安排的方式，为描述和分析作为社会实践的饮食提供了基础。

实践理论认为，人类活动最应该被理解为一个重复的过程，在这个过程中，许多不同的行动者以相似的方式重复表演，确定一种做事的方式来约束试图参与活动的他者。确定哪些群体的哪些成员应该接受特定的约束，是一个复杂的但最终是经验性的问题；比如，国家的、地区的、宗教的、政治的、阶级的、性别的和种族的因素与不同的饮食方式有统计学意义上的显著相关性。

一项蓬勃发展的实践，不仅需要当前参与者的支持，也需要源源不断的新加入者。因为学习必定会受到当前的传统观念及随之而来的争议的影响，所以实践的再生产随着时间的推移，有一种路径依赖的偏好。但是，基于很多原因，实践的再生产将是有缺陷的，相关的表演往往是高度差异化的。个体在日常生活中，通过参与既有的一系列实践，打造自己的表演风格。这些实践建立在共同的理解、熟悉的程序，以及对集体规范和标准的承诺之上。因此，正如雷克维茨所指出的，所有的实践都是**社会**实践。

几乎每个人都以每日吃一餐或更多餐这样的方式生存在地球上。由于人们生活在截然不同的环境下，因此饮食的形式和内容以及实践表演都有极大的差别。饮食事件、菜单和身体吸纳模式，即“吃”的基本单位，都有很多不同的类型和形式。表演需要对每个要素进行组合选出可用的选项，以便以一种使自己和他人感到满意的方式实现整体的精心安排，即在当前情况下，至少可以适当地完成饮食活动。精心安排的表演，是令人印象深刻的实际成就。这样的表演是独一无二的。每个饮食场合都是不同的，但这些表演通常显示了各种饮食模式：随着时间的推移，个体重复自己的行为，社会群体成员也会以类似的方式表现出重要的行为特征。对这些模式的合理解释超越了个人选择和决策视角的解释，是实践理论的主要关注点。独特的表演是被规范化的；

一些表演方法是被禁止或不被鼓励的，另一些则由于作为共同的和集体的习惯和惯例是明摆着的和老生常谈的。表演是半公开的和连续的。它们是按顺序发生的，协调好“吃”的最大问题在于形成有意义的、切实可行的和合理的行动顺序。但是，从过去的经验中得到的理解在熟练的程序和对标准的认识中得以具身化，可以为大部分人自信地和确定地进行日常饮食提供充足的理由。这是因为，尽管个人的表演千差万别，但非专业人士和社会科学家都愿意承认它们是吃东西的实例。因此，主要问题在于，这些相互的理解是如何建立和维持的。

相互理解是**实践**存在的最基本条件。首先，它来自对经常重复的活动的观察和认识。对**实践**的认同部分借助共同的常规语言来进行集体确认。更重要的是，它是积累实践经验、对各种实际和潜在的表演进行广泛讨论并给出合理解释的结果。在此基础上，个体会逐渐成为有知识的参与者，能够做出可靠的判断。更重要的是，他们证明了自己实际上是有能力且合格的。人们实际上做的事情是千差万别的，涉及许多的即兴施为并展现出结构化的差异，而不会严格服从共同的规则。但是，多数人体验到了秩序和连续性；他们意识到，什么对他们来说是常态，并且一般将例外情况解释为偏离了正常。[1]

表演如果被广泛地重复，就会给人造成这样的印象：存在某种适当的方式来处理日常生活事务；有效的或可接受的程序以及

[1] 关于饮食惯例的适用**程度**尚无定论，因为没有多少关于饮食顺序的证据可用；标准的资料收集技术是对一天或几天内的饮食的回忆，这就很难确定个人重复的程度，也很难评估所提供的对行为正当性的解释是否符合实际的行为顺序。

合法的、合理的目标，成为特定社交圈中被广为接受的共同理解。其结果是，形成了外部的、“客观化的”社会现实感，人们相互认可其特征，并围绕它来组织他们的行为和交往。有了表演的这些要素，还有许多可用于确定**实践**的指标，如物品、食欲、传统知识、服从集体惯例和节奏的证据。尽管在某种意义上，许多实际的表演给人造成一种物化的、有争议的印象，但隐含的习俗发挥了作用，部分原因是它往往定义了人们该如何进行日常生活的正统观念。这就是制度化过程的本质。

这种解释方法目前是相当过时的，因为社会学已经失去了使用超个体的概念来解释行为的信心。社会学解释所担心的是不合理的抽象化，以及不能在经验上证明或检验集体实体的存在。但是，这种担心言过其实。**实践**受到不同利益主体有目的的指引、协调和规范，其中，一些利益主体是积极的参与者，另一些在最宽泛的意义上，对表演进行评论。这样的例子包括，致力于饮食实践的协会和组织，以及描述和规定如何进行表演的出版物。行动者怀有权威性地驾驭表演的意图，并通过创造引导行为的超个体制度、基础设施和人工制品来建构**实践**。

在第5章，我认为，一般而言，各种实践受到不同程度的社会协调和权威性规范。目前，欧洲的饮食并没有受到很高程度的协调和规范。“吃”主要被视为个人和私人的事情，人们普遍反对政府机构或专家告诉他们该吃什么。近几十年来，“吃”也经历了非正式化进程。“吃”由此避开了在诸如驾驶或服用药物等方面可能存在的权威对相关行为的指导。但是，如同埃利亚斯解释非正式化时所强调的，人们不会因此而随心所欲。非正式化往往要求更高程度的个人自律，更细致地理解和解释什么样的行为是可接受的（Wouters，2008）。而且，其他的行为模式也在蓬勃发展，因此，在哪里吃、吃什么及如何举止得体等问题变得更容易判断，可能需要更详细的合理解释。

在缺乏权威规范的情况下，大量的争论围绕着饮食行为如何才最得体而产生。文化中介机构推动、精心组织并利用了这些争论。它们创造了可用于研究的视觉和书面文本，这些文本可能会对改变或加强读者在**实践**中的约定产生直接的影响。受访者有时的确会谈到行为的转变，比如电视节目或公众集会会彻底改变他们的行为方式。但是，当令人难以信服的信息在媒体、已定型的环境和偶然的闲谈中传播时，这些中介机构的影响大多是间接的。在自由的国家体制下，现代媒体积极地认可多元主义和法庭辩论的娱乐价值，尽管媒体明显偏爱支配性的主流价值观，也会较少报道或者压制被认为让人不快的内容。争论是21世纪媒体文化的特征之一。

在食品领域，由部分构成的整合性**实践**，有其内部良性运作的讨论和争论机制。比如，关于口味的讨论通常围绕以下问题展开：国家菜系的独特之处、什么是正宗的本土菜系，随着时间推移是否会有改进以及这些理念应该如何实现。专业利益受到威胁，最佳实践建议背后的信念水平通常很高，尽管中介机构希望在公众中推行他们的主张和方案的程度各不相同。可供外行选择的反应是，积极地接受权威的建议；特定的饮食制度或口味运动，吸引了那些热衷者。最常见的是，争论被限定**在**单一的整合性**实践**范围**之内**。但是，由于“吃”是一种混合**实践**，人们对应该给予（比如）营养而不是味道或共餐的优先程度和可信度存在争议，因此出现了复杂的情况。由此而来的不和谐作为丰富的碎片化资源，构成了公共文化。

通常，在日常生活中，大多数人以务实的方式做出反应，他们基于有限且不完整的信息做出妥协，对争论和分歧并不在意。也就是说，他们很少深入地或仔细地进行反思或深思熟虑。第5章探讨了这些过程的本质，即用以表达**实践**的文本和人工制品会对随后的表演产生影响。所有人——尤其是实践理论的倡导者——都认为，在开始某一行动之前，几乎不可能通过遵循规则书或熟记条例来解释行为的熟练度和流畅性。那么，一个很重要的问题是，客观化的**实践**如何传递给作为其承载者的行动者，即那些被授权以适合再生产和改革该**实践**的方式，循环往复地进行表演的人。

第6章概述了行动者能开展可靠表演的一般条件。人们流畅地、毫不犹豫地进行表演。但是，根据实践理论，这种令人钦佩的能力不能被社会科学的正统理论所充分描述或解释。假设人们学习了相关规则、价值观或规范，他们随后据此做出什么时候该做什么的不相干的决策，即行动的组合模型所理解的行动方式，这种假设在很多方面被认为是有所欠缺的。

认知科学和文化社会学的研究所列举的部分原因包括：绝大多数人类行动明显是自动完成的，因为人们不会停下来思考太多或太频繁地思考；个人与社会环境错综复杂的关系，提供了外部公共文化的多种多样的人工制品。有力的证据是，大脑不会也不可能作为一个储存所有相关知识、信息和灵感的仓库来运作，而这些知识、信息和灵感是普通人不断成功完成许多复杂活动所必需的。因此，我的这些受访者了不起的实践能力一定不在此处。实践理论假定，这些能力包含在大量强大的具身性程序中，在延伸个人身体力量的机械装置中，以及在涵盖其他人、符号和象征性提示、物质基础设施的社会环境的引导属性之中。在马丁（Martin，2010：240）带有挑衅性的分析中，文化并不在我们的头脑中，而在实物和他人的行为中。内在地，文化作为无组织的碎片存在，可以为特定目的进行组合；文化构成了“经验的一系列可能性”，但结果主要取决于“什么是可利用的”这一时机问题。饮食实践没有例外于一般原则，环境而不是个体行动者赋予的自动的和替代性的文化能力，形成了表演的基础或依据。

进行复杂活动的能力无须深思熟虑，而是源于对通用程序的掌握，这使观察到的流畅性成为可能。程序是具身性的，主要通过实际训练来传授，其中涉及大量的重复，但不一定是完全相同的重复，也不一定是在相同的环境中。因此，适当行动的能力是个人在特定经验范围内的产物。这也是不同个体的表演存在明显差别的原因之一。但是，学习的过程通常不是自主的个体反复试错的问题。相反，它发生在一个社会传授共享实践的背景下。有时，这仅通过口头传授的方式，有时是通过话语和实际演示，有时则是通过阅读说明书的自学模式。但是，从第一次接触某一实践开始，新手就会受到一些线索和提示的影响，这些线索和提示是关于其他人，特别是有能力的行动者如何确定和执行包含实践的可识别的表演的行动顺序。

这种对实践过程非常抽象的解释，在饮食的社会环境中找到了特定的表现形式。从中介过程中产生的关于如何吃东西的表述无处不在，以各种形式存在于公众环境中，不仅作为媒体产品，而且体现在其他人可见的表演、城市的商业基础设施和有关食物和饮食的频繁对话中。能否合格表演取决于对公共文化形式中相关定义的认识，以及即时处理这些定义的能力（抛弃绝大多数无关紧要的东西），有时是随后行使利用和再利用从以往经验中学习到的和具身性的程序的能力。尽管文化中介机构塑造或影响表演，但这些机构不会对任何特定的表演产生决定性影响。原因之一是人们不遵守规则，也不会直接和忠实地执行指导说明书中提供的那些建议。第二个原因是，人们总是需要根据特定情况来制订行动计划。第三个原因是，流传的那些建议几乎总是多样的、争议性的、竞争的和相互矛盾的。

中介机构的建议以碎片形式传播并引起个体关注，这些碎片不均匀地扩散到处于不同社会位置的人群中。但是，中介机构的建议仍然可能影响随后表演的各个方面，最合适的说明就是人们如何谈论“吃”。当人们接受社会学家的访谈谈论“吃”时，或者当他们与朋友或家庭成员讨论晚餐该吃什么时，他们展现了很多对饮食习俗和标准的理解和“学问”。他们体现了饮食活动的规范性特征，这些规范以公共准则和话语的形式传播，而且当个人被要求参与有关其行为的讨论时，也会以此为依据。

但是，大多数人很少花时间向社会学家或者是其他人解释他们的饮食或食物偏好。根据文化社会学和认知科学交叉研究的最新成果，人们在“吃”等日常行为过程中很少花时间去反思。这样，对主权消费者（或有表现力的个体）模型提出的挑战，对各种实践理论的直觉力是有益的。实践理论没有否定个人深思熟虑的作用，但其特点是强调更重要的且通常未被承认的具身性和自动性的作用和意义。各种实践理论可以接纳习惯化概念，但不会为强习惯设定一个统揽一切的角色。它们支持习惯、惯例、程序、顺序、倾向和习俗的概念，依靠这些概念来表达实践感或实践意识的实质。实践理论把如何做事的能力视为社会组织的主要原则。实践能力涉及学习有效的程序和策略，这些程序和策略建立在大量重复性经验的基础上，这大大地缩短了深思熟虑的过程。因此，实践理论立场基于这样一种观念，即重复有着不同的模式和节奏，每一种模式和节奏在程序上都有区别；关键的概念包括强习惯和弱习惯的区分、通过具身性和设备对环境中的权力的扩展，以及实际的时间惯例。这就使集体制度成为关注的焦点。

社会制度是实践活动诸多表演的必然结果，为了使这些活动对相关的人来说是可以理解的，社会制度客观化了**实践**的原则或逻辑，从而为后续的表演提供了依据。如果没有理解其原则，观察者就无法意识到表演是**实践**的特定形式。各种实践有制度化的形式，不是虚构出来的物化形式。制度化采用了组织化、约束性的指令（法律、合同）和调节性干预的形式，以发挥不可化约为个体行为的能动性。在有意识地考虑到外部或内部因素的影响之后，人们往往不会形成自己的表演；相反，他们的表演与环境中的辅助实体相互作用，被错综复杂地编织成一张潜在的意义之网。

实践理论的应用：外出就餐

上一部分的理论解释，包含了许多适用于任一实践的观察结果和强制令。确证一般理论框架的价值，也许最好是通过解释一个特定的例子来完成。由于我的一般主张是，实践理论的概念透镜将为大量的饮食活动提供深入和完整的解释，并产生新的见解，因此我将外出就餐作为典型案例，简要地进行解释。

尽管“吃”主要与家庭背景相关，但人们经常会外出就餐。农业工人将食物运到遥远的地方。修道院、医院、军事机构、工厂食堂和学校等公共机构也提供了“吃”的选择。另外，旅行者经常需要用餐，餐食有时是作为一种社会义务提供的招待或慈善，但在欧洲历史上，更常见的是旅行者付钱给客栈、酒店或餐厅，这样用餐就涉及个人的和私密的安排。18 世纪，餐厅就已经出现，后来发展出大量的子类型（Haley，2011；Spang，2000；Van den Eeckhout，2012）。[1] 在过去三十年左右的时间里，人们外出到商业场所吃饭的频率明显增加。其中一个重要方面是，外出就餐已成为一种非常受欢迎的消遣活动（Burnett，2004）。人们外出就餐并不仅仅因为旅行和工作的需要使人们无法在家庭的餐桌旁用餐，而是因为消遣和娱乐。据英国食品标准局估计，在 2014 年，人们每六顿饭就有一顿是在外面吃的（FSA，2014）。其中大多数就餐发生在专门出售方便食品的场所，只有少数是纯粹

[1] 在非西方国家，这个故事是不同的（如 Wu and Chee-beng，2001）。

的社交和娱乐事件。这意味着外出就餐明显的增加。外出就餐的支出占家庭平均食物预算的比例，从1960年的10%增加到2013年的近30%（Family Spending，2013；FES，1960）。外出就餐逐渐成为当代饮食的重要形式，它可能被认为是对各种实践理论的一个重大挑战，因为实践理论强调习惯、惯例、集体节奏和有限的选择。换句话说，在商业机构中就餐很容易被想象为体现出了消费者选择的基本特征，即只要个人有能力为商家提供的劳动和原材料付费，个人就可以不受任何限制地选择餐厅和菜单上的食物。然而，通过实践理论的透镜，我们可以看到外出就餐的更多方面。

外出就餐有很多方式，包括野餐、走在街上吃外带食物、站在火车站咖啡馆的吧台旁，以及坐在米其林星级餐厅里。这些方式意味着不同的饮食事件，并且它们通常会导致不同类型的菜肴被消费。外出就餐具有典型性，在于不同饮食事件的顺序和频率。在上班的路上吃早餐对小部分人来说是习惯性的，而去高档餐厅吃饭是罕见的，因此对多数人来说是相当特别的。不同饮食场合提供的食物是不可能混淆的。

这些餐饮机构按照一个公认的时间表来运营，其中内含着一种对同一级别饮食场合的重现，它调节着家庭日程的安排。特定饮食事件的时间安排以及与社交场合相匹配的菜肴都与家庭的饮食模式相呼应。用餐时间限定了整个社交圈的饮食节奏和惯例。在该范围内，餐饮店为顾客提供服务。餐厅规定了营业时间，在该时段内，餐厅提供适合特定饮食事件的菜肴。也许除了英式全日早餐（all-day breakfast），单独经营的餐厅很少全天提供早餐和早咖啡、午餐、下午茶、晚餐和消夜。通过专业划分，这些餐饮机构引导顾客根据不同的场合来调整他们的食物选择。人们知道在哪儿、什么时候该点粥品，而不是鞑靼牛排，才是适合的。而且，考虑到饮食机构有诸多不同类型，潜在的顾客在进门之前，原则上已经排除了很多关于食物和环境的选择。考虑到饮食场合的所有维度，外出就餐的自由度要比在家吃饭时小得多。

门店几乎普遍使用菜单列出能提供的菜肴，这从根本上缩小了可供选择的菜品范围。按照贾尔（Giard，1998）所说，家庭菜肴几乎没有名字，而那些出现在商业菜单上的菜品几乎总可以在烹饪书中找到，而且是根据食谱来制备的。菜名意味着某种烹饪谱系和对所提供饮食的标准化程度的期望。饮食机构的类型让顾客对吃什么合适有所期待，而这种期待也被装潢风格、家具布置、餐桌装饰、瓷器和玻璃器具、员工着装、菜单、营业时间等符号化。环境充满各种提示。环境限制和制约着饮食表演。餐厅也标准化了对具身性表演的要求：通常，要坐在桌旁；提供可预期的、标准的餐具；仔细控制每份饮食的量；人们在公开场合要注意自己的行为举止和社交礼仪。提供食物的方式，强烈地限制了表演。

餐厅是造成饮食模式发生最根本改变的主要原因。餐厅运营符合“吃”的主要特征，餐厅鼓励符合共同理解、程序和标准的饮食表演。顾客根据环境的明显特征来精心安排他们的表演，外出就餐的研究证据表明，顾客们有共同的理解、程序和标准，这代表了他们在某一**实践**中的约定。在英国，几乎每个人都将外出就餐纳入他们的饮食体系。在 2004 年 CCSE 开展的调查中，仅有

4%的英国人声称从不在外面吃饭。外出就餐涉及时间和金钱的消费，大部分是在高度自由支配的基础上（因为有其他提供饮食的模式），这项活动在地点、形式、时间段、菜系风格、依据象征意义来定价的可识别的菜肴、共餐人、价格等方面，存在着相当大的差异。但是，没有人不把在咖啡馆、食堂或朋友家中发生的事情看作“吃”的实例。

接下来的分析基于两项对外出就餐经历的研究，所涉及的研究方法有问卷调查、面对面访谈和焦点小组讨论。其中一项研究了英格兰人的外出就餐情况。[1] 该研究于 1995 年对位于英格兰西北部的普雷斯顿（Preston）的 35 位居民开展了半结构访谈，并对伦敦、布里斯托尔（Bristol）和普雷斯顿三个城市的 1001 位居民进行了问卷调查。另外一项是 CCSE 关于英国人口中文化资本分布的研究，在研究的初步阶段对他们开展了焦点小组访谈。[2] 这些焦点小组访谈是在 2003 年夏天进行的，旨在促进对文化活动和口味的大范围讨论。居住在英国不同地区的 10 个小组，讨论了外出就餐的问题。焦点小组的这些成员，有特定的社会经济、人口统计和身份特征。

1995 年的访谈清晰地揭示了，人们在某种程度上普遍认识到他们参与了同样的实践活动，即外出就餐。当被问及外出就餐的原因时，受访者提供了相当少的理由；当让受访者评价外出就餐

---

［1］ 与莉迪娅·马滕斯一起开展的这项研究的主要结论见沃德和马滕斯的著作（Warde and Martens，2000），该书附录（pp. 228-233）详细描述了所运用的研究方法。这项研究得到了英国经济与社会研究委员会的资金支持，项目编号是No. L209252044。

［2］ 参见本书第 78 页注释［1］，更多细节参见本内特等人的著作（Bennett et al.，2009）。

的经历时，他们同样给出了较少的看法。这些受访者对于外出就餐的内容（即如何认识它和界定它）有一套共同的理解。受访者将外出就餐界定为不在家吃饭，它意味着不用亲自做饭，需要支付费用，是一个社交场合，其本身比较特殊，而且是吃正餐而不是小吃。不是每个人都提到外出就餐的这六个特征，但这种描述构成了对外出就餐共同的、一致的理解（Warde and Martens，2000：43-47）。

受访者对最近一次外出就餐的回答，揭示出关于外出就餐程序的共同理解。对外出就餐服务关系的实质和质量的评价表明，对于应该如何进行这样的事件，存在着一个广泛共享的模式（2000：121-134）。由商业机构给出的用于评价就餐体验的要点，包括着装要求、点餐和买单的礼仪、时间节奏、菜单及饮食结构。显然，每个人对就餐礼仪的容忍程度不同。一些人在正式场合感到非常不自在，因此避开外出应酬，另一些人则说，有时他们会刻意寻求这种场合，尽管这取决于饮食场合的类型。

这些访谈还揭示了外出就餐预期目的和满意度的显著一致性。外出吃正餐的理由（如换口味、请客、社交机会、庆祝或社会责任）与受访者对该活动的理解是密切相关的（2000：47-51）。另外，调查显示，外出就餐几乎总是非常令人愉快的。82%的受访者同意“当在外面吃饭时，我总是很愉快”。仅有7%的受访者选择不同意。而且，当被问及“你上次外出就餐时，整体感觉如何?”时，82%的受访者回答很喜欢，14%的人回答有点喜欢。外出就餐的满意度似乎与所吃饭菜的类型或材料关系不大。人们主要关注的是餐食是否适合环境（人们认识到不同的场所适合于不同类型的场合），以及不能有明显的变质现象。除此之外，不管是便宜的还是昂贵的餐食，传统的英国菜还是泰式菜，烛光晚餐还是家庭聚会，白天用餐还是晚上用餐，这些都提供了相似的、多数是非常积极的体验，因为人们声称在外面吃饭时很享受。人们关心的是食物的质量和数量、性价比、食物的审美特征及场合，以及是否度过了一段愉快的社交时光。人们格外看重最后一项，即一起用餐的伙伴和彼此的交流。

这些访谈揭示出外出就餐共同标准的存在，比如，一系列典型的投诉。消费社会学和各种实践理论都没有对这些投诉及投诉行为潜在的意义进行充分研究。从理论上讲，投诉的事件强烈地表明，在用餐者之间及餐食提供者与顾客之间，存在着对既定环境下预期的表演标准的共同理解。投诉的主题是可预见的：服务人员不讲卫生的行为，劣质的食材，未煮熟、煮得过久或烹煮时间不对的食物，服务人员撤盘过快，以及上菜太慢。这些都是服务提供者在某些方面没有达到顾客期望的问题（Warde and Martens，2000：178）。在许多情况下，受访者有不满意的感觉，但没有去投诉。这种克制通常被解释为，顾客希望保持就餐时的和谐气氛。一个复杂的但生动的例子是，一位对餐食感到不满意的女士本来认为投诉是合理的，但如果她是被邀请的客人，那么她的投诉行为对请客的人来说，则是不礼貌的。这也表明，由于人们外出就餐时多数情况都和其他人在一起，因此这种场合的许多特征是不受参与者控制的。该调查一个有趣的特征在于，它调查了人们没有参与决定何时在何地外出就餐的频率。仅45%的受访者声称参与了上一次外出就餐的决定过程，20%的受访者对

“你对去那里吃饭的决定发表了意见吗?”这一问题给出了否定的答案。

但是，并非所有人都以同样的方式参与和经历实践。在实践活动中，人们的位置是被确定好的。确定位置的依据包括不平等分配的经济资源、文化体验和文化能力。访谈表明了共同的理解和共同的程序，而且展现了阶层、性别和种族的差异。比如，评价标准也会因群体不同而发生改变，被有区别地用于合法化和正当化正常行为。组织和参与实践的方式也各不相同，体现为局部不同但集体共享的规范。

在 2004 年的焦点小组中，社会区分是非常明显的。最穷的小组成员几乎从未在任何餐厅中吃过饭。工人阶级小组成员有更多的饮食体验。一组年轻的体力劳动者，他们彼此是朋友和固定的共餐人，声称喜欢吃中餐、英国菜（他们列举了牛排、鸡肉、排骨或酒吧食物），晚上饮酒后尤其喜欢吃印度菜。这些工人说，他们更喜欢吃外卖的咖喱菜，而不是去餐厅吃。他们表达出自己不“适合”去餐厅的胆怯。一位女性受访者说，“我们都不想成为一个傻瓜”。接着，大家谈论了一段令人不快的用餐经历：小组的某个成员和一位社会地位较高的兄弟“在一家相当高档的餐厅”吃饭，他不得不吃“高档的食物”，并总感觉有人在提醒他：“来吧！你现在得得体地吃这个。”拥有适当水平的社会、文化能力及自信，对于享受不同的饮食体验是必要的（Bennett et al.，2009：165）。

一个更富裕的自由职业者小组在讨论中表现得更流畅，这表明他们以往谈论过口味的问题，而且有准备、有能力为其做出解释。社会地位较高的人，也有更多的饮食体验。中产阶级的小组成员在餐厅吃饭感觉更自在，在他们的视野和经验范围内有更多可体验的餐厅。每个焦点小组都展现出了对外国菜的了解，但不同社会阶层的人会提到不同的外国菜。口味有内在的社会等级性。高档餐厅和那些售卖异国美食的餐厅位于顶端；然后是更受欢迎的外国菜，尤其是意大利菜；紧接着是酒吧和印度餐馆；然后是快餐店；最后是各种外卖店（如印式和中式的）、炸鱼薯条店和卖汉堡的路边摊。[1] 没有一个小组的成员体验过所有这些饮食。不同的环境吸引着不同的顾客。

由于文化中介的强化，选择的意识往往超越了个体的直接经验。在一个小组中，所有成员定期聚在一起休闲消遣，有一个成员在谈论自己最喜欢的餐厅类型时，选择了“墨西哥餐厅”，他的这群朋友开玩笑地反驳说，他这辈子还没去过墨西哥餐厅。无论是纸质的还是线上的名厨食谱、餐厅指南和评论，都是生产如“美食家”共同体的文化中介机构的一部分。文化中介机构遍及整个西方社会，吸收、培养、讨论和传播了大量饮食知识、一系列时尚口味和一套饮食审美标准（Johnston and Baumann，2010）。许多相对见多识广的顾客和业余厨师，利用符号代码巩固了发展中的外出就餐（尤其食物内容）的程序和标准的可信度。至少在英国，《美食指南》是职业中产阶级参与社会运动的结果，自20世纪50年代以来，它一直在为餐饮业的高端领域定义烹饪和服务的标准。作为一种文化中介的典型形式，《美食指南》既追踪又影

[1] 在职业阶层的每一级，除了少数族群，有些人更喜欢英国食物，而不是外国食物。

响了餐厅老板和用餐者的实践轨迹。它作为消费者运动的武器的作用逐渐消失，所以目前它主要是在为行业开展声誉竞赛。尽管仍在为公众讨论和理解饮食审美标准做出贡献，但相对于电视和互联网资源，毫无疑问，《美食指南》的影响力在下降。

人们在选择餐厅时，会考虑到它们是否适合某种特定的场合。环境至关重要。不同群体对哪种场所适合特定目的的判断是不同的；庆祝特殊节日所选择的场所因阶层和种族而异。共同的地方习俗通过熟人间的反复表演而得到巩固。但是我们不能说，这些表演是其参与者自发的创造。一套被广泛持有的社会习俗支配着表演。外出就餐可预见的规律性，不是用餐者之间或顾客与餐饮提供者之间在餐厅现场谈判的结果，也不是不受约束的个人行为选择或反思性决策的结果。相反，有一些类似于可识别的制度化实践的东西，根据其习俗，有能力的行动者能够确定他们的社会表演。表演的剧本，不是在每一个餐厅**现场**重新写的。有一套公认的、制度化的行为程序，既是对特定场所的有意设计，又是对实践中的习俗观念广为扩散的结果。虽然对某顿饭的特殊体验可能是饮食活动中符号互动的结果，这种互动将其视为单一的事件，比如受访者非常清晰地记得上一次外出就餐的细节，但对饮食规范和规矩的理解也同样明显。因此，尽管特定的表演及对其合理解释可能会遵从当地习俗，但本地即兴施为的可能性仍然受到更宽泛的制度化框架的限制。该框架包括对消费者文化中经济交易相关规则的理解，以及在公共空间中用餐的习俗和个人行为规范。

总之，外出就餐是典型的实践，有共同的理解、共同的程序，以及一套管理表演、共享的标准及正当化的习俗。理解、程序和约定存在社会分化，并不是每个人都用相同的方式参与实践。对于不同社会群体的成员来说，外出就餐的具体体验很少相同。外出就餐的表演因社会群体而异，如因社会阶层、种族和性别而异。因此，这种实践是被分割的。外出就餐的不同模式，如不同社会群体外出就餐的频率、对资源的使用和对场所及菜肴的偏好，为外出就餐形式的社会区分提供了证据。当前，对各种民族美食的鉴赏被赋予了独特性（Warde et al.，1999）。收入影响外出就餐模式，文化资本也同样产生影响。受当地环境和社会网络影响，外出就餐与经济和文化资源水平相适应。正如焦点小组访谈所表明的，共享的社会的、规范性的理解约束着群体行为。然而，尽管不存在一个统一的外出就餐方式，也缺乏对它的讨论，但对于外出就餐的多样性、必要性和约束条件却存在普遍共识。餐厅的秩序井然就是证据，在那里，交易的双方根据规范化的和普遍制度化的实践的共享惯例相互适应。外出就餐是一场精心安排环境和人员、被许多因素从外部调节的特殊会晤。它比在家吃饭更正式，因为环境塑造了社会互动的方式。这在一定程度上是一个有意设计的问题。顾客的存在对于任何饮食机构内的消费模式都至关重要，因为合格表演的许多方面都被设计成了经营模式。差异化是餐饮业服从于有意的市场细分造成的。因此，与在家吃饭相比，外出就餐的体验更少受非正式化的影响，留给顾客更少的自由裁量权。

结 语

从各种实践理论的角度看待外出就餐，可以为现有的经验证据提供新的视角，并为观察到的模式提供不同类型的解释。供应模式、餐厅布置、顾客和店员在准公共空间的有限互动，以及对建立合格表演的基本传统标准的广泛共识，构成了一套结构严密的解释。餐食的商业销售催生了一般饮食实践的特殊形式或者子类型。可以看出，它对其他形式的“吃”产生了重要影响。在英国，这是对家庭餐食内容进行重要创新的一个途径；现在，在家吃普通正餐的时候，通常会配有米饭或意大利面，而不是土豆，这一变化可以归因于从餐厅和外卖店学到的经验（Marshall and Anderson, 2002; Yates and Warde, 2015）。它只是家庭娱乐的部分替代品，却可能对家庭娱乐模式产生了更大的影响。因此，有些人认为为来访的客人做饭是非常让人焦虑的，因为他们预料到自己无法达到商业生产者建立的标准（Mellor, Blake and Crane, 2010）。商业销售模式也影响热衷“吃”的群体，“美食家”是一个特别有启发性的例子，我们从中可以看到，一系列活动如何演变为引起人们兴趣的一种共同实践，培养出他们对卓越条件和标准的忠诚（或**幻象**），并形成一种普遍的鉴赏力，延伸至和食物有关的许多方面的讨论模式。外出就餐是更大范围的实践的一个缩影，提升了人们对食材的质量和菜肴的品质的判断能力。由此，外出就餐增加了人们对混合饮食实践的认识和知识，并鼓励中介机构提供更多关于饮食的组织和协调的信息。其影响涉及更复杂、更专业和更专注的热衷者和同路人，他们推动了餐饮行业的发展。

在各种实践理论所面临的突出挑战中，最紧迫的是不同实践之间的关系。要求将实践作为中观层次的基本分析单位，这增加了界定实践边界的困难，也让不同实践之间的关系问题更加棘手。其中一些问题在本书前述一些章节（第3、6、7章）有所提及。混合实践的概念揭示了整合性实践在发展过程中如何既受制于内部演变的压力，又受到其他相近的，有时甚至是完全不同的实践调整所产生的压力的影响。因此，比如，用餐时间会考虑到学校和工作场所的日程表。这些影响因素的后果通常是不可预知的，因为未预料到的、意外的后果大量存在。但是，这只是再次凸显了制度分析的价值。社会科学中历史分析的成功之处在于，明确了使特定的行为模式成为可能的根本条件。由于描述当前不常见的饮食事件时不能轻易诉诸常识（事物之所以这样，是因为它们必须这样），专业的历史学者要描绘更复杂的背景图，以便解释行为中不常见的方面。当今世界的社会科学分析有一项更为艰巨的任务，那就是把常见的事物变得足够不寻常，以显示行为如何以及为什么会受到普遍制约。社会学可能会重新使用“存在的条件”和“可能性的条件”来表明某些现象和活动模式之所以是可能的，只是因为先前的制度形式符合并有利于特定范围内的结果。

本书中的一些基本观点是推测性的。这样很可能造成有关认知科学的一些观点是不充分的，或者激进的反观念论被认为是不能证实的。尽管如此，仍有必要找到能解释习惯化的概念工具，以判断它在一般行动，尤其是在实际的、集体性、自动性和重复性等方面的行动的绝对优势。也许，将对习惯化的认识与记忆和推理等心智能力的其他解释相结合，会为介于强习惯和深思熟虑的决策之间的过程提供一个更清晰的解释。也有可能，需要深思熟虑的场合尽管数量不多，但它们与那些作为具身性习惯、惯例、倾向和习俗的功能或多或少自动重复的场合相比，有更重要的影响。我不这样认为，我只是想说，我对实践理论的运用是更连贯地理解饮食活动的突出特征的一种方式。对当前饮食行为——肥胖、饮食失调、饮食失范、饮食专门化、外出就餐和“美食家主义”——的深刻洞察可以通过研究表演而产生，这些表演被视为展现了程序，由行动者具体体现，使用设备，受制于集体和约定俗成的标准，由环境（人员、基础设施、象征符号、集体惯例）激活和推动，并在受到干扰时被持续监测。

参考文献

Abbott, A. (2001) *Chaos of Disciplines*. Chicago, IL: University of Chicago Press.

Abbott, A. (2004) *Methods of Discovery: Heuristics for the Social Sciences*. New York: W. W. Norton.

Abend, G. (2008) 'The meaning of "theory"'. *Sociological Theory* 26(2): 173–99.

Aglietta, M. (1979 [1976]) *A Theory of Capitalist Regulation: The US Experience*. London: Verso.

Ahn, Y.-Y., Ahnert, S., Bagrow, J. and Barabasi, A.-L. (2011) 'Flavor network and the principles of food pairing', *Scientific Reports*, December, http://www.npr.org/blogs/thesalt/2011/12/20/144021294/what-a-global-flavor-map-can-tell-us-about-how-we-pair-foods

Appadurai, A. (1988) 'How to make a national cuisine: cookbooks in contemporary India'. *Comparative Studies of Society & History* 30(1): 3–24.

Appadurai, A. (1990) 'Disjuncture and difference in the global cultural economy'. *Theory, Culture & Society* 7 (2–3): 295–310.

Appadurai, A. (1996) *Modernity at Large*. Minneapolis, MN: University of Minnesota Press.

Ascher, F. (2005) *Le Mangeur Hypermoderne: une figure de l'individu éclectique*. Paris: Odile Jacob.

Ashley, B., Hollows, J., Jones, S. and Taylor, B. (2004) *Food and Cultural Studies*. London: Routledge.

Atkins, P. and Bowler, I. (2001) *Food in Society: Economy, Culture, Geography*. London: Arnold.

Bargh, J. (1989) 'Conditional automaticity: varieties of automatic influence in social perception and cognition', in J. Uleman and J. Bargh (eds), *Unintended Thought*. New York: Guildford Press, pp. 3–51.

Barthes, R. (1973 [1957]) *Mythologies*. London: Paladin.

Beardsworth, A. and Keil, T. (1997) *Sociology on the Menu: An Invitation to the Study of Food and Society*. London: Routledge.
Belasco, W. (2002) 'Food matters: perspectives on an emerging field', in W. Belasco and P. Scranton (eds), *Food Nations: Selling Taste in Consumer Societies*. New York: Routledge, pp. 2–23.
Belasco, W. (2008) *Food: The Key Concepts*. Oxford: Berg.
Bennett T., Savage, M., Silva, E., Warde, A., Gayo-Cal, M. and Wright, D. (2009) *Culture, Class, Distinction*. London: Routledge.
Berger, P. and Luckmann, T. (1966) *The Social Construction of Reality: A Treatise in the Sociology of Knowledge*. London: Penguin.
Binder, G. (2012) 'Theory(izing) practice: the model of recursive adaptation'. *Planning Theory* 11(3): 221–41.
Bourdieu, P. (1977 [1972]) *Outline of a Theory of Practice*. Cambridge: Cambridge University Press.
Bourdieu, P. (1984 [1979]) *Distinction: A Social Critique of the Judgement of Taste*. London: Routledge & Kegan Paul.
Bourdieu, P. (1990 [1980]) *Logic of Practice*. Cambridge: Polity.
Bourdieu, P. (2000 [1996]) *Pascalian Meditations*. Cambridge: Polity.
Boyle, J. (2011) 'Becoming vegetarian: the eating patterns and accounts of newly practicing vegetarians'. *Food and Foodways* 19(4): 314–33.
Brannen, J., O'Connell, R. and Mooney, A. (2013) 'Families, meals and synchronicity: eating together in British dual earner families'. *Community, Work and Family* 16(4): 417–34.
Brillat-Savarin, J.-A. (1994 [1825]) *The Physiology of Taste*. London: Penguin.
Burnett, J. (1989) *Plenty and Want: A Social History of Food from 1815 to the Present Day*. London: Routledge.
Burnett, J. (2004) *England Eats Out: A Social History of Eating Out in England from 1830 to the Present*. Harlow: Pearson Education.
Camic, C. (1986) 'The matter of habit'. *American Journal of Sociology* 91(5): 1039–87.
Campbell, C. (1987) *The Romantic Ethic and the Spirit of Modern Consumerism*. Oxford: Basil Blackwell.
Campos, P., Saguy, A., Ernsberger, P., Oliver, E. and Gaesser, G. (2006) 'The epidemiology of overweight and obesity: public health crisis or moral panic?' *International Journal of Epidemiology* 35: 55–60.
Caplan, P., Keane, A., Willetts, A. and Williams, J. (1997) 'Studying food choice in its social and cultural contexts: approaches from a social anthropological perspective', in A. Murcott (ed.), *The Nation's Diet: The Social Science of Food Choice*. London: Longman, pp. 168–82.
Carolan, M. (2012) *The Sociology of Food and Agriculture*. London: Routledge
Cervellon, M.-C. and Dubé, L. (2005) 'Cultural influences in the origins of food likings and dislikings'. *Food Quality and Preference* 16(5): 455–60.
Chambers (1972) *Chambers Twentieth Century Dictionary*, new edn. Edinburgh: W. & R. Chambers.

Chambliss, D. (1989) 'The mundanity of excellence: an ethnographic report on stratification and Olympic swimmers'. *Sociological Theory* 7: 70–86.

Charles, N. and Kerr, M. (1988) *Women, Food and Families*. Manchester: Manchester University Press.

Cheng S.-L., Olsen, W., Southerton, D. and Warde, A. (2007) 'The changing practice of eating: evidence from UK time diaries, 1975 and 2000'. *British Journal of Sociology* 58(1): 39–61.

Christensen, B. J. and Hillersdal, L. (2012) 'Mad og måltider på arbejdspladsen', in L. Holm & S. T. Kristensen (eds), Mad, mennesker og måltider: samfundsvidenskabelige perspektiver. 2. udgave edn. København, Munksgård Danmark, pp. 129–41.

Christiakis, N. and Fowler, J. (2007) 'The spread of obesity in a large social network over 32 years'. *New England Journal of Medicine* 357(4): 370–9.

Christiakis, N. and Fowler, J. (2009) *Connected: The Surprising Power of Our Social Networks and How They Shape our Lives*. New York: Little, Brown & Co.

Collins, H. (2010) *Tacit and Explicit Knowledge*. Chicago, IL: Chicago University Press.

Collins, R. (2004) *Interaction Ritual Chains*. Princeton, NJ: Princeton University Press.

Couldry, N. (2004) 'Theorising media as practice'. *Social Semiotics* 14(2): 115–32.

Counihan, C. (2004) *Around the Tuscan Table: Food Family and Gender in Twentieth-Century Florence*. New York: Routledge.

Crossley, N. (2001) *The Social Body: Habit, Identity and Desire*. London: Sage.

Crossley, N. (2004) 'Fat is a sociological issue: obesity rates in modern "body-conscious" societies'. *Social Theory & Health* 2: 222–53.

Crossley, N. (2013) 'Habit and habitus'. *Body & Society* 19(2–3): 136–61.

Darmon, I. and Warde, A. (eds) (2014) 'Introduction: towards dynamic comparative analysis', in 'Comparing foodways: the cross-national and dynamic comparison of eating practices', special edn, S10, *Anthropology of Food* [online].

Darmon, I. and Warde, A. (forthcoming) 'Trials of adjustment: household formation, re-location and changing eating habits among Anglo-French couples', mimeo, University of Manchester.

Darmon, M. (2009) 'The fifth element: social class and the sociology of anorexia'. *Sociology* 43(4): 717–33.

Darmon, N. and Drenowski, A. (2008) 'Does social class predict diet quality?' *American Journal of Clinical Nutrition* 5: 1107–17.

Darnton, A., Verplanken, B., White, P. and Whitmarsh, L. (2011) *Habits, Routines and Sustainable Lifestyles: A Summary Report to the Department for Environment, Food and Rural Affairs*. London: AD Research & Analysis for Defra.

Davis, M. (2012) 'A time and a place for a peach: taste trends in contemporary cooking'. *Senses & Society* 7(2): 135–52.

DeLanda, M. (2006) *A New Philosophy of Society: Assemblage Theory and Social Complexity*. London: Continuum.

De Solier, I. (2013) *Food and the Self: Consumption, Production and Material Culture*. London: Bloomsbury.

DeVault, M. (1991) *Feeding the Family: The Social Organisation of Caring as Gendered Work*. Chicago: Chicago University Press.

DiMaggio, P. (1997) 'Culture and cognition'. *Annual Review of Sociology* 23: 263–87.

Diner, H. (2001) *Hungering for America: Italian, Irish and Jewish Foodways in the Age of Migration*. Cambridge, MA: Harvard University Press.

Dixon, J. (2002) *The Changing Chicken: Chooks, Cooks and Culinary Culture*. Sydney: University of New South Wales Press.

Douglas, M. (1966) *Purity and Danger: An Analysis of Concept of Pollution and Taboo*. London: Routledge & Kegan Paul.

Douglas, M. (1972) 'Deciphering a meal'. *Daedalus* 101(1): 61–81.

Douglas, M. (ed.) (1984) *Food in the Social Order*. New York: Russell Sage Foundation.

Douglas, M. and Nicod, M. (1974) 'Taking the biscuit: the structure of British meals'. *New Society*, 19 December.

Ehn, B. and Lofgren, O. (2009) 'Routines – made and unmade', in E. Shove, F. Trentmann and R. Wilk (eds), *Time Consumption and Everyday Life: Practice, Materiality and Culture*. London: Berg, pp. 99–114.

Elias, N. (1969 [1939]) *The Civilizing Process, vol. I, The History of Manners*. Oxford: Blackwell.

Evans, D. (2014) *Food Waste: Home Consumption, Material Culture and Everyday Life*. London: Bloomsbury.

Falk, P. (1994) *The Consuming Body*. London: Sage.

Family Spending (2013) *Family Spending, 2013*. London: Office of National Statistics.

Ferguson, P. (2004) *Accounting for Taste: The Triumph of French Cuisine*. Chicago, IL: Chicago University Press.

FES (1960) *Family Expenditure Survey, 1960*. Department of Employment, London: HMSO.

Fiddes, N. (1991) *Meat: A Natural Symbol*. London: Routledge.

Fine, B. and Leopold, E. (1993) *The World of Consumption*. London: Routledge.

Fine, B., Heasman, M. and Wright, J. (1996) *Consumption in the Age of Affluence: The World of Food*. London: Routledge.

Fine, G. (2010) 'The sociology of the local: action and its publics'. *Sociological Theory* 28(4): 355–76.

Fischler, C. (1980) 'Food habits, social change and the nature/culture dilemma'. *Social Science Information* 19: 937–53.

Freidberg, S. (2009) *Fresh: A Perishable History*. Cambridge, MA: Harvard/Belknap Press.

FSA (2014) *The 2014 Food and You Survey: UK Bulletin*. London: Food Standards Agency.

Gabaccia, D. (1998) *We Are What We Eat: Ethnic Food and the Making of Americans*. Cambridge, MA: Harvard University Press.

Gault, H. (2001) *Restaurants de Paris*. Paris: Éditions Nouveaux Loisirs.

Gherardi, S. (2009) 'Introduction: the critical power of the "practice lens" '. *Management Learning* 40(2): 115–28.

Giard, L. (1998) 'Doing cooking', in L. de Certeau, L. Giard and P. Mayol (eds), *The Practice of Everyday Life. Volume 2: Living & Cooking*. Minneapolis, MN: University of Minnesota Press, pp. 151–247.

Giddens, A. (1979) *Central Problems in Social Theory: Action, Structure and Contradiction in Social Analysis*. London: Macmillan.

Giddens, A. (1984) *The Constitution of Society: Outline of the Theory of Structuration*. Cambridge: Polity Press.

Giddens, A. (1991) *Modernity and Self-Identity: Self and Society in the Late Modern Age*. Cambridge: Polity Press.

Giddens, A. (1992) *Transformation of Intimacy: Sexuality, Love and Eroticism in Modern Societies*. Cambridge: Polity Press.

Glucksmann, M. (2014) 'Bake or buy? Comparative and theoretical perspectives on divisions of labour in food preparation work'. *Anthropology of Food*, S10. Available at https://aof.revues.org/7691.

Goode, J., Theophano, J. and Curtis, K. (1984) 'A framework for the analysis of continuity and change in shared sociocultural rules for food use: the Italian-American pattern', in L. K. Brown and K. Mussell (eds), *Ethnic and Regional Foodways in the United States: The Performance of Group Identity*. Knoxville, TN: University of Tennessee Press, pp. 66–88.

Goodman, D. (2002) 'Rethinking food production-consumption: integrative perspectives'. *Sociologia Ruralis* 42(4): 271–7.

Goodman, D. and DuPuis, E. (2002) 'Knowing food and growing food: beyond the production – consumption debate in the sociology of agriculture'. *Sociologia Ruralis* 42(1): 6–23.

Goody, J. (1982) *Cooking, Cuisine and Class*. Cambridge: Cambridge University Press.

Gracia Arnaiz, M. (2009) 'Learning to eat: establishing dietetic normality in the treatment of eating disorders'. *Food Culture & Society* 12(2): 192–215.

Grignon, C. (1993) La règle, la mode et le travail: la genèse social du modèle des repas français contemporain, in M. Aymard, C. Grignon and F. Sabban (eds), *Le Temps de Manger: alimentation, emploi du temps et rythmes sociaux*. Paris: Maison de Sciences de l'Homme, pp. 275–324.

Gronow, A. (2011) *From Habits to Social Structures: Pragmatism and Contemporary Social Theory*. Frankfurt am Main: Peter Lang.

Gronow, J. (2004) 'Standards of taste and varieties of goodness: the (un) predictability of modern consumption', in M. Harvey, A. McMeekin and A. Warde (eds), *Qualities of Food*. Manchester: Manchester University Press, pp. 38–60.

Gronow, J. and Warde, A. (eds) (2001) *Ordinary Consumption*. London: Routledge.

Guthman, J. (2002) 'Commodified meanings, meaningful commodities: re-thinking production–consumption links through the organic system of provision'. *Sociologia Ruralis*, 42(4): 295–311.

Guthman, J. (2011) *Weighing In: Obesity, Food Justice, and the Limits of Capitalism*. Berkeley, CA: University of California Press.

Guthman, J. and DuPuis, E. (2006) 'Embodying neoliberalism: economy, culture and the politics of fat'. *Society and Space* 24(3): 427–48.

Haidt, J. (2007) 'The new synthesis in moral psychology'. *Science* 316: 998–1002.

Haidt, J. (2012) *The Righteous Mind: Why Good People are Divided by Politics and Religion*. London: Allen Lane Press.

Haley, A. (2011) *Turning the Tables: Restaurants and the Rise of the American Middle Class, 1880–1920*. Chapel Hill, NC: University of North Carolina Press.

Halkier, B. (2009) 'Suitable cooking? Performances and positions in cooking practices among Danish women'. *Food Culture and Society* 12(3): 357–77.

Hardyment, C. (1995) *Slice of Life: The British Way of Eating Since 1945*. London: BBC Books.

Harvey, M., Quilley, S. and Beynon, H. (2002) *Exploring the Tomato: Transformations of Nature, Society and Economy*. Cheltenham: Edward Elgar.

Hodgson, G. (2006) 'What are institutions?' *Journal of Economic Issues* 40(1): 1–25.

Holm, L. (2013) 'Food consumption', in A. Murcott et al. (eds), *The Handbook of Food Research*. London: Bloomsbury, pp. 324–37.

Ilmonen, K. (2011) *The Social and Economic Theory of Consumption*. London: Palgrave.

Inglis, D. and Gimlin, D. (eds) (2010) *The Globalisation of Food*. Oxford: Berg.

Ingold, T. (2000) *The Perception of the Environment: Essays on Livelihood, Dwelling and Skill*. London: Routledge.

Jackson, S. and Scott, S. (2014) 'Sociology of the body and the relation between sociology and biology', in J. Holmwood and J. Scott (eds), *The Palgrave Handbook of Sociology in Britain*. London: Palgrave, pp. 563–87.

Jacobs, J. A. and Frickel, S. (2009) 'Interdisciplinarity: a critical assessment'. *Annual Review of Sociology* 35: 43–65.

James, W. (1981 [1890]) *The Principles of Psychology*. Cambridge, MA: Harvard University Press.

Johnston, J. and Baumann, S. (2010) *Foodies: Democracy and Distinction in the Gourmet Foodscape*. London: Routledge.

Jones, A. and Murphy, J. (2011) 'Theorising practice in economic geography: foundations, challenges and possibilities'. *Progress in Human Geography* 35(3): 366–92.

Julier, A. (2013) *Eating Together: Food, Friendship and Inequality*. Urbana, IL: University of Illinois Press.

Karpik, L. (2000) 'Le Guide Rouge Michelin'. *Sociologie du Travail* 42: 369–89.
Kaufman, J. (2004) 'Endogenous explanation in the sociology of culture'. *Annual Review of Sociology* 30: 335–57.
Kaufmann, J.-C. (2010 [2005]) *The Meaning of Cooking*. Cambridge: Polity.
Kilpinen, E. (2009) 'The habitual conception of action and social theory'. *Semiotica* 173(1/4): 99–128.
Kilpinen, E. (2012) 'Human beings as creatures of habit', in A. Warde and D. Southerton (eds), *The Habits of Consumption, COLLeGIUM: Studies across Disciplines in the Humanities and Social Sciences, vol. 12*. Helsinki: Helsinki Collegium for Advanced Studies, pp. 45–69.
Kjaernes, U. (ed.) (2001) *Eating Patterns: A Day in the Lives of Nordic Peoples*. Oslo: SIFO Report No.7.
Kjaernes, U., Harvey, M. and Warde, A. (2007) *Trust in Food: An Institutional and Comparative Analysis*. Basingstoke: Palgrave Macmillan.
Korsmeyer, C. (ed.) (2005) *The Taste Culture Reader: Experiencing Food and Drink*. Oxford: Berg.
Kristensen, S. and Holm, L. (2006) 'Modern meal patterns: tensions between bodily needs and the organization of time and space'. *Food & Foodways* 14: 151–73.
Laporte, C. and Poulain, J.-P. (2014) 'Restauration d'entreprise en France et au Royaume-Uni: synchronisation sociale alimentaire et obésité'. *Ethnologie Francaise* XLIV: 1, 861–72.
Latour, B. (2005) *Reassembling the Social: An Introduction to Actor-Network Theory*. Oxford: Oxford University Press.
Lave, J. (1988) *Cognition in Practice: Mind, Mathematics and Culture in Everyday Life*. Cambridge, MA: Cambridge University Press.
Lave, J. and Wenger, E. (1991) *Situated Learning: Legitimate Peripheral Participation*. Cambridge: Cambridge University Press.
Levenstein, H. (1988) *Revolution at the Table: The Transformation of the American Diet*. New York: Oxford University Press.
Lévi-Strauss, C. (1965) 'The Culinary Triangle'. *Partisan Review* 33: 586–95.
Lévi-Strauss, C. (1969 [1964]) *The Raw and the Cooked: Introduction to a Science of Mythology*. London: Jonathan Cape.
Lhuissier, A. (2012) 'Weight-loss practices among working-class women'. *Food, Culture & Society* 15(4): 645–66.
Lhuissier, A., Tichit, C., Caillavet, F. et al. (2013) 'Who still eats three meals a day? Findings from a quantitative survey in the Paris area'. *Appetite* 63: 59–69.
Lizardo, O. (2010) 'Is a "special psychology" of practice possible? From values and attitudes to embodied dispositions'. *Theory and Psychology* 19(8): 713–27.
Lizardo, O. (2012) 'Embodied culture as procedure: rethinking the link between personal and objective culture', in A. Warde and D. Southerton (eds), *The Habits of Consumption, COLLeGIUM: Studies across Disciplines in the Humanities and Social Sciences, vol. 12*. Helsinki: Helsinki Collegium for Advanced Studies, pp. 70–86.

Lizardo, O. and Strand, M. (2010) 'Skills, toolkits, contexts and institutions: clarifying the relationship between different approaches to cognition in cultural sociology'. *Poetics* 38: 204–27.
Logan, G. (1989) 'Automaticity and cognitive control', in J. Uleman and J. Bargh (eds), *Unintended Thought*. New York: Guildford Press, pp. 52–74.
Longhurst, B. (2007) *Cultural Change and Ordinary Life*. Milton Keynes: Open University Press.
Lund, T. B. and Gronow, J. (2014) 'Destructuration or continuity? The daily rhythm of eating in Denmark, Finland, Norway and Sweden in 1997 and 2012'. *Appetite* 82(1): 143–53.
Lupton, D. (1996) *Food, the Body and the Self*. London: Sage.
Lyon, D. and Back, L. (2012) 'Fishmongers in a global economy: craft and social relations on a London market'. *Sociological Research Online* 17(2): 1–11.
Marshall, D. (2005) 'Food as ritual, routine or convention'. *Consumption Markets & Culture* 8(1): 69–85.
Marshall, D. and Anderson, A. (2002) 'Proper meals in transition: young married couples on the nature of eating together'. *Appetite* 39(3): 193–206.
Martin, J. L. (2010) 'Life's a beach but you're an ant, and other unwelcome news for the sociology of culture'. *Poetics* 38: 228–43.
Martin, P. (2004) 'Gender as a social institution'. *Social Forces* 82(4): 1249–73.
Mauss, M. (1973 [1935]) 'Techniques of the body'. *Economy and Society* 2: 70–89.
McIntosh, A. (1996) *Sociologies of Food and Nutrition*. New York: Plenum Press.
Mellor, J., Blake, M. and Crane, L. (2010) ' "When I'm doing a dinner party I don't go for the Tesco cheeses": gendered class distinctions, friendship, and home entertaining'. *Food Culture & Society* 13(1): 115–34.
Mennell, S. (1985) *All Manners of Food: Eating and Taste in England and France from the Middle Ages to the Present*. Oxford: Blackwell.
Mennell, S. (2003) 'Eating in the public sphere in the nineteenth and twentieth centuries', in M. Jacobs and P. Scholliers (eds), *Eating Out in Europe: Picnics, Gourmet Dining and Snacks since the Late Eighteenth Century*. Oxford, Berg, pp. 245–60.
Mennell, S., Murcott, A. and van Otterloo, A. (1992) *The Sociology of Food: Eating, Diet and Culture*. London: Sage.
Miller, D. (1987) *Material Culture and Mass Consumption*. Oxford: Basil Blackwell.
Miller, D. (ed.) (1998) *Material Cultures: Why Some Things Matter*. London: UCL Press.
Miller, D. (2010) *Stuff*. Cambridge: Polity.
Mintz, S. (1985) *Sweetness and Power: The Place of Sugar in Modern History*. Harmondsworth: Penguin.
Mintz, S. (2013) 'Foreword', in Murcott et al. (eds), *The Handbook of Food Research*. London: Bloomsbury, pp. xxv–xxx.

Mintz, S. and Du Bois, C. (2002) 'The anthropology of food and eating'. *Annual Review of Anthropology* 31: 99–119.
Moehring, M. (2008) 'Transnational food migration and the internalization of food consumption: ethnic cuisine in West Germany', in A. Nuetzenadel and F. Trentmann (eds), *Food and Globalization: Consumption, Markets and Politics in the Modern World*. Oxford: Berg, pp. 129–52.
Murcott, A. (1982) 'On the social significance of the "cooked dinner" in South Wales'. *Social Science Information* 21: 677–95.
Murcott, A. (1983) '"It's a pleasure to cook for him": food mealtimes and gender in some South Wales households', in E. Gamarnikov, D. Morgan, J. Purvis and D. Taylorson (eds), *The Public and the Private*. London: Heinemann.
Murcott, A. (1988) 'On the altered appetites of pregnancy: conceptions of food, body and person'. *Sociological Review* 36(4): 733–64.
Murcott, A. (2013) 'A burgeoning field: introduction to *The Handbook of Food Research*', in A. Murcott, W. Belasco and P. Jackson (eds), *The Handbook of Food Research*. London: Bloomsbury, pp. 1–25.
Murcott, A., Belasco, W. and Jackson, P. (eds) (2013) *The Handbook of Food Research*. London: Bloomsbury.
Naccarato, P. and Lebesco, K. (2012) *Culinary Capital*. London: Berg.
Neal, D., Wood, W. and Quinn, J. (2006) 'Habits – a repeated performance'. *Current Directions in Psychological Science* 15(4): 198–202.
Nestle, M. (2006) *What to Eat*. New York: Macmillan.
Nicolini, D. (2012) *Practice Theory, Work and Organization: An Introduction*. Oxford: Oxford University Press.
Noble, G. and Watkins, M. (2003) 'So, how did Bourdieu learn to play tennis? Habitus, consciousness and habituation'. *Cultural Studies* 17(3/4): 520–38.
Noe, A. (2009) *Out of Our Heads: Why You are Not Your Brain, and Other Lessons from the Biology of Consciousness*. New York: Hill and Wang.
Nuetzenadel, A. and Trentmann, F. (eds) (2008) *Food and Globalization: Consumption, Markets and Politics in the Modern World*. Oxford: Berg.
O'Doherty, Jensen K. and Holm, L. (1999) 'Preferences, quantities and concerns: socio-cultural perspectives on the gendered consumption of foods'. *European Journal of Clinical Nutrition* 53: 351–59.
OED (1989) *Oxford English Dictionary*, rev. edn. Oxford: Oxford University Press.
Offer, A. (2006) *The Challenge of Affluence: Self-Control and Well-being in the United States and Britain since 1950*. Oxford: Oxford University Press.
Ogden, J. (2013) 'Eating disorders and obesity: symptoms of a modern world', in A. Murcott et al. (eds), *The Handbook of Food Research*. London: Bloomsbury, pp. 455–70.
Ortner, S. (1984) 'Theory in anthropology since the sixties'. *Comparative Studies in Society and History* 26: 126–66.
Oulette, J. and Wood, W. (1998) 'Habit and intention in everyday life: the multiple processes by which past behaviour predicts future behaviour'. *Psychological Bulletin* 124(1): 54–74.

Panayi, P. (2008) *Spicing up Britain: London: The Multicultural History of British Food*. London: Reaktion Books.
Pennycook, A. (2010) *Language as a Local Practice*. London: Routledge.
Peterson, R. and Kern, R. M. (1996) 'Changing highbrow taste: from snob to omnivore'. *American Sociological Review* 61(5): 900–7.
Petrini, C. (2001) *Slow Food: The Case for Taste*. New York: Columbia University Press.
Poggio, B. (2006) 'Editorial: outline of a theory of gender practices'. *Gender, Work and Organization* 13(3): 225–33.
Postill, J. (2010) 'Introduction: theorising media and practices', in B. Brauchler and J. Postill (eds), *Theorising Media and Practice*. New York: Berghahn Books, pp. 1–32.
Poulain, J.-P. (2002a) *Sociologies de l'Alimentation: les mangeurs et l'espace social alimentaire*. Paris: PUF.
Poulain, J.-P. (2002b) 'The contemporary diet in France: "de-structuration" or from commensalism to "vagabond feeding"'. *Appetite* 39: 43–55.
Poulain, J.-P. (2009) *Sociologie de L'Obésité*. Paris: Presses Universitaires de France.
Poulain, J.-P. (2012) 'Sociologie de l'alimentation', in J.-P. Poulain (ed.), *Dictionnaire des Cultures Alimentaires*. Paris: PUF, pp. 1283–95.
Pritchard, B. (2013) 'Food chains', in A. Murcott, W. Belasco and P. Jackson (eds), *Handbook of Food Research*. London: Bloomsbury, pp. 167–76.
Rao, H. (1998) '*Caveat emptor*: the construction of nonprofit consumer watchdog organizations'. *American Journal of Sociology* 103(4): 912–61.
Reckwitz, A. (2002a) 'The status of the "material" in theories of culture: from "social structure" to "artifacts"'. *Journal for the Theory of Social Behaviour* 32(2): 195–211.
Reckwitz, A. (2002b) 'Toward a theory of social practices: a development in culturalist theorizing'. *European Journal of Social Theory* 5(2): 243–63.
Régnier, F., Lhuissier, A. and Gojard, S. (2006) *Sociologie de l'Allimentation*. Paris: La Découverte.
Rotenberg, R. (1981) 'The impact of industrialization on meal patterns in Vienna, Austria'. *Ecology of Food and Nutrition* 11: 25–35.
Rouse, J. (2006) 'Practice Theory', in S. Turner and M. Risjrod (eds), *Handbook of the Philosophy of Science, vol. 15: Philosophy of Anthropology and Sociology*. Dordrecht: Elsevier, pp. 500–40.
Rousseau, S. (2012) *Food Media: Celebrity Chefs and the Politics of Everyday Indifference*. London: Berg.
Rozen, E. (1983) *Ethnic Cuisine: The Flavour Principle Cookbook*. New York: Stephen Greene Press.
Rozin, P. and Fallon, A. (1987) 'A perspective on disgust'. *Psychological Review* 94(1): 23–41.
Sahlins, M. (1976) *Culture and Practical Reason*. Chicago, IL: University of Chicago Press.
Saint Pol, T. de (2006) 'Le dîner des français: un synchronisme alimentaire qui se maintient'. *Économie et Statistique* 400: 45–69.

Sassatelli, R. (2007) *Consumer Culture: History, Theory and Politics*. Oxford: Berg.
Sayer, A. (2005) *The Moral Significance of Class*. Cambridge: Cambridge University Press.
Schatzki, T. (1996) *Social Practices: A Wittgensteinian Approach to Human Activity and the Social*. Cambridge: Cambridge University Press.
Schatzki, T. (2001) 'Introduction: practice theory', in T. Schatzki, K. Knorr Cetina and E. von Savigny (eds), *The Practice Turn in Contemporary Theory*. London: Routledge, pp. 1–14.
Schatzki, T. (2002) *The Site of the Social: A Philosophical Account of the Constitution of Social Life and Change*. Pennsylvania: Penn State Press.
Schatzki, T. (2003) 'A new societist social ontology'. *Philosophy of the Social Sciences* 33(2): 174–202.
Schatzki, T. (2009) *The Timespace of Human Activity: On Performance, Society, and History as Indeterminate Teleological Events*. Lanham, MD: Lexington Books.
Schatzki, T., Knorr Cetina, K. and von Savigny, E. (eds) (2001) *The Practice Turn in Contemporary Theory*. London: Routledge.
Schau, H., Muniz, A. and Arnould, E. (2009) 'How brand community practices create value'. *Journal of Marketing* 73(5): 30–51.
Schudson, M. (1993 [1984]) *Advertising, the Uneasy Persuasion: Its Dubious Impact on American Society*. London: Routledge.
Shove, E. and Southerton, D. (2000) 'Defrosting the freezer: from novelty to convenience; a narrative of normalization'. *Journal of Material Culture* 5(3): 301–19.
Shove, E. and Spurling, N. (eds) (2013) *Sustainable Practices*. London: Routledge.
Shove, E., Pantzar, M. and Watson, M. (2012) *The Dynamics of Social Practice*. London: Sage.
Simmel, G. (1994 [1910]) 'The Sociology of the Meal', trans. M. Symons. *Food and Foodways* 5(4): 345–50.
Sobal, J., Bove, C. F. and Rauschenbach, B. S. (2002) 'Commensal careers at entry into marriage: establishing commensal units and managing commensal circles'. *Sociological Review* 50(3): 378–97.
Southerton, D. (2006) 'Analysing the temporal organization of daily life: social constraints, practices and their allocation'. *Sociology* 40(3): 435–54.
Southerton, D. (2013) 'Habits, routines and temporalities of consumption: from individual behaviours to the reproduction of everyday practices'. *Time & Society* 22(3): 335–55.
Southerton, D., Díaz-Méndez, C. and Warde, A. (2012) 'Behaviour change and the temporal ordering of eating practices: a UK–Spain comparison'. *International Journal of the Sociology of Agriculture and Food* 19(1): 19–36.
Spang, R. (2000) *The Invention of the Restaurant: Paris and Modern Gastronomic Culture*. Cambridge, MA: Harvard University Press.
Sudnow, D. (1978) *Ways of the Hand: The Organization of Improvised Conduct*. Cambridge, MA: MIT Press.

Sutton, D. (2001) *Remembrance of Repasts: An Anthropology of Food and Memory*. Oxford, Berg.
Sutton, D. (2010) 'Food and the senses'. *Annual Review of Anthropology* 39: 209–23.
Swidler, A. (1986) 'Culture in action: symbols and strategies'. *American Journal of Sociology* 51: 273–86.
Thaler, R. and Sunstein, C. (2009) *Nudge: Improving Decisions about Health, Wealth and Happiness*. Harmondsworth: Penguin.
Thompson, C. (1996) 'Caring consumers: gendered consumption meanings and the juggling lifestyle'. *Journal of Consumer Research* 22: 388–407.
Throsby, K. (2012) 'Obesity surgery and the management of excess: exploring the body multiple'. *Sociology of Health & Illness* 34(1): 1–15.
Tomlinson, M. and Warde, A. (1993) 'Social class and change in the eating habits of British households'. *British Food Journal* 95(1): 3–11.
Triandis, H. (1980) 'Values, attitudes, and interpersonal behavior', in H. Howe and M. Page (eds), *Nebraska Symposium on Motivation: Beliefs, Attitudes and Values, 1979, vol. 27*. Lincoln, NE: University of Nebraska Press, pp. 195–259.
Trubek, A. (2000) *Haute Cuisine: How the French Invented the Culinary Profession*. Philadelphia, PA: University of Pennsylvania Press.
Truninger, M. (2011) 'Cooking with Bimby in a moment of recruitment: exploring conventions and practice perspectives'. *Journal of Consumer Culture* 11(1): 11–37.
Truninger, M., Horta, A. and Teixeira, J. (eds) (2014) 'Children's food practices and school meals', special issue. *International Journal of Sociology of Agriculture and Food* 21(3).
Turner, B. (1982) 'The government of the body: medical regimens and the rationalisation of diet'. *British Journal of Sociology* 33(2): 254–69.
Unrah, D. (1979) 'Characteristics and types of participation in social worlds'. *Symbolic Interaction* 5: 123–39.
Van den Eeckhout, P. (2012) 'Restaurants in the nineteenth and twentieth centuries'. *Food & History* 10(1): 143–53.
Verplanken, B., Myrbakk, V. and Rudi, E. (2005) 'The measurement of habit', in T. Betsch and S. Haberstroh (eds), *The Routines of Decision Making*. Mahwah, NJ: Lawrence Erlbaum, pp. 231–47.
Wacquant, L. J. (2004) *Body and Soul: Notes of an Apprentice Boxer*. Oxford: Oxford University Press.
Wacquant, L. J. (2014) '*Homines in extremis*: what fighting scholars teach us about habitus'. *Body & Society* 20(2): 3–17.
Wansink, B. (2006) *Mindless Eating: Why We Eat More than We Think*. New York: Bantam Books.
Wansink, B. and Sobal, J. (2007) 'Mindless eating: the 200 daily food decisions we overlook'. *Environment and Behavior* 39(1): 106–23.
Warde, A. (1992) 'Notes on the relationship between production and consumption', in R. Burrows and C. Marsh (eds), *Consumption and Class: Divisions and Change*. London: Macmillan, pp. 15–31.
Warde, A. (1999) 'Convenient food: space and timing'. *British Food Journal* 101(7): 518–27.

Warde, A. (2000) 'Eating globally: cultural flows and the spread of ethnic restaurants', in D. Kalb, M. van der Land, R. Staring, B. van Steenbergen and N. Wilterdink (eds), *The Ends of Globalization: Bringing Society Back In*. Boulder, CO: Rowman & Littlefield, pp. 299–316.
Warde, A. (2003) 'Continuity and change in British restaurants, 1951–2001: evidence from the *Good Food Guide*', in M. Jacobs and P. Scholliers (eds), *Eating Out in Europe: Picnics, Gourmet Dining and Snacks since the Late Eighteenth Century*. Oxford, Berg, pp. 229–44.
Warde, A. (2004) 'La normalita del mangiare fuori' ('The normality of eating out'), *Rassegna Italiana di Sociologia* (special issue on 'Sociology of Food', ed. R Sassatelli) 45(4): 493–518.
Warde, A. (2005) 'Consumption and theories of practice'. *Journal of Consumer Culture* 5(2): 131–53.
Warde, A. (2009) 'Inventing British cuisine: representations of culinary identity in the *Good Food Guide*, 1951–2007'. *Food, Culture & Society* 12(2): 151–72.
Warde, A. (ed) (2010) *Consumption (Volumes I–IV)*. Benchmarks in Culture and Society Series. London: Sage.
Warde, A. (2012) 'Eating', in F. Trentmann (ed.), *Oxford Handbook on History of Consumption*. Oxford: Oxford University Press.
Warde, A. (2013) 'What sort of a practice is eating?', in E. Shove and N. Spurling (eds), *Sustainable Practices: Social Theory and Climate Change*. London: Routledge, pp. 17–30.
Warde, A. (2014) 'After taste: culture, consumption and theories of practice'. *Journal of Consumer Culture* 14(3): 279–303.
Warde, A. and Hetherington, K. (1994) 'English households and routine food practices: a research note'. *Sociological Review* 42(4): 758–78.
Warde, A. and Kirichenko, S. (2012) A comparative study of modern feasts: 'Eating: comparative perspectives'. Colloquium poster, Helsinki: Helsinki Collegium for Advanced Studies.
Warde, A. and Martens, L. (1998) 'Food choice: a sociological approach', in A. Murcott (ed.), *The Nation's Diet*. London: Longman, pp. 129–46.
Warde, A. and Martens, L. (2000) *Eating Out: Social Differentiation, Consumption and Pleasure*. Cambridge: Cambridge University Press.
Warde, A. and Southerton, D. (eds) (2012) 'The habits of consumption', *COLLeGIUM: Studies across Disciplines in the Humanities and Social Sciences, vol. 12*. Helsinki: Helsinki Collegium for Advanced Studies.
Warde, A., Cheng, S.-L., Olsen, W. and Southerton, D. (2007) 'Changes in the practice of eating: a comparative analysis'. *Acta Sociologica* 50(4): 365–85.
Warde, A., Olsen, W. and Martens, L. (1999) 'Consumption and the problem of variety: cultural omnivorousness, social distinction and dining out'. *Sociology* 33(1): 105–27.
Weber, M. (1978) *Economy and Society: An Outline of Interpretive Sociology, vol. 1*, ed. G. Roth and C. Wittich. Berkeley, CA: University of California Press.

Wenger, E. (1998) *Communities of Practice: Learning, Meaning and Identity*. Cambridge: Cambridge University Press.
Whitford, J. (2002) 'Pragmatism and the untenable dualism of means and ends: why rational choice theory does not deserve paradigmatic privilege'. *Theory & Society* 31: 325–63.
Wilhite, H. (2012) 'Towards a better accounting of the role of body, things and habits in consumption', in A. Warde and D. Southerton (eds), *The Habits of Consumption, COLLeGIUM: Studies across Disciplines in the Humanities and Social Sciences, vol. 12*. Helsinki: Helsinki Collegium for Advanced Studies, pp. 87–99.
Wilhite, H. (2014) 'The body in consumption: perspectives from India', in D. Southerton and A. Ulph (eds), *Sustainable Consumption: Multi-disciplinary Perspectives*. Oxford: Oxford University Press.
Wilk, R. (2004) 'Morals and metaphors: the meaning of consumption', in K. Eckstrom and H. Brembeck (eds), *Elusive Consumption*. London: Berg, pp. 11–26.
Wilk, R. (2006) *Home Cooking in the Global Village: Caribbean Food from Buccaneers to Ecotourists*. Oxford: Berg.
Wood, R. (1994) *The Sociology of the Meal*. Edinburgh: Edinburgh University Press.
Wouters, C. (1986) 'Formalization and informalization: changing tension balances in civilising processes'. *Theory Culture & Society* 3(2): 1–19.
Wouters, G. (2008) *Informalization: Manners and Emotions since 1890*. London: Sage.
Wu, D. and Chee-beng, T. (eds) (2001) *Changing Chinese Foodways in Asia*. Hong Kong: Chinese University Press.
Yates, L. and Warde, A. (2015) 'The evolving content of meals in Great Britain: results of a survey in 2012 in comparison with the 1950s'. *Appetite*, 84(1): 299–308.
Yates, L. and Warde, A. (forthcoming) 'Eating together and eating alone: meal arrangements in British households', *British Journal of Sociology*.
Zerubavel, E. (1981) *Hidden Rhythms: Schedules and Calendars in Social Life*. Berkeley, CA: University of California Press.